Serpientes venenos

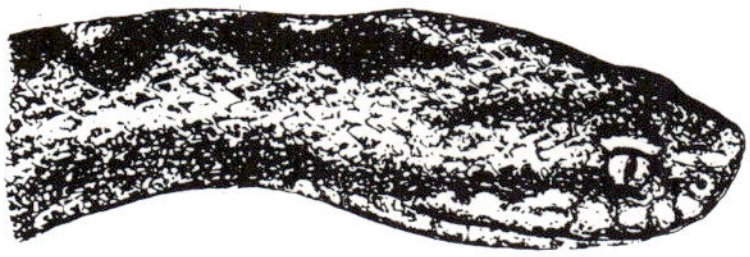

Víbora europea
(Vipera berus)

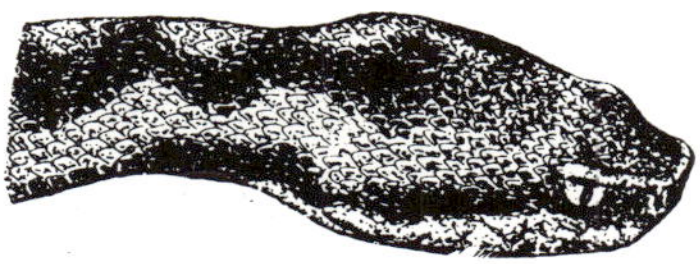

Víbora áspid
(Vipera aspis)

Víbora de cuerno
(Vipera ammodytes)

Víbora de Oriente
(Vipera lebetina)

Víbora cornuda
(Cerastes cerastes)

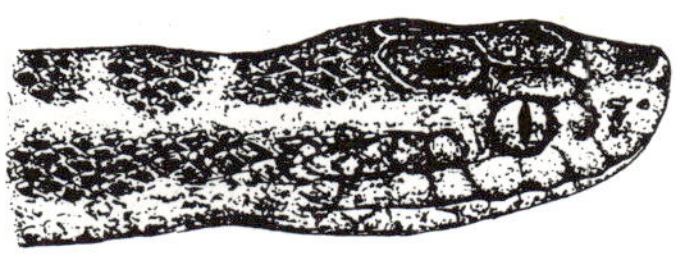

Mocasín asiático
(Agkistrodon halys)

GUÍA DE LAS

SERPIENTES

DE EUROPA, NORTE DE ÁFRICA
Y PRÓXIMO ORIENTE

GUÍA DE LAS

SERPIENTES

DE EUROPA, NORTE DE ÁFRICA Y PRÓXIMO ORIENTE

EDICIONES OMEGA, S.A.
Plató, 26 - 08006 Barcelona

Con 199 fotografías en color de Baumgart, G. (5), Blauscheck, R. (1), Gramm, R. (6), Diesener, G. (1), Fuchs, D. (37), Gruber, H.J. (4), Gruber, U. (11), Heckes, U. (16), Hoegmoed, M.S. (1), Jacobi, K.H. (1), Joger, U. (7), Kahl, B. (2), König, R. (10), Krimmer (2), Layer, W. (2), Limbrunner, A. (4), Mägdefrau, H. (11), Propp, J. (1), Reinhard, H. (12), Rohdich, W. (4), Sauer, F. (5), Schleich, H. (1), Schmidtler, J.F. (7), Schrempp, H. (3), Synatzschke, G. (3), Terrario de Regensburg (1), Trutnau, L. (30), Werner (5), Zeininger, P. (6) y 36 dibujos en blanco y negro de Ulrich Heckes (12), Max Kühbandner (12, guardas) y Helmut Mägdefrau (12).

Fotografías de la cubierta:
anterior - *Vipera wagneri*
posterior - *Cerastes cerastes*
Vipera ammodytes gregorwallneri
Fotografía de la portada:
Elaphe quatuorlineata

ISBN 84-282-0913-8
Depósito legal: B. 40.796-92
Printed in Spain
Ind. Gráf. Ferré Olsina, S.A.
Viladomat, 158-160, int.
08015 Barcelona

La edición original de esta obra ha sido publicada en alemán por la editorial Franckh-Kosmos Verlags-GmbH & Co., Stuttgart, con el título
DIE SCHLANGEN EUROPAS UND RUND UMS MITTELMEER
Traducido por **Rosana Tulla**
Revisado por **Victòria Tarrida**
Licenciada en Ciencias Biológicas

Culebra de Esculapio (Elaphe longissima)

Las serpientes de Europa,
Norte de África y Próximo Oriente

Prólogo 7
¿Cuál es el orden de materias de este libro? 7
¿Cuál es la mejor forma de encontrar un determinado tipo de serpiente? 9

Presentación de las serpientes 10
Morfología de una serpiente 10
Locomoción 12
Capacidad sensorial 15
¿Qué comen las serpientes? 18
Muda 22
Reproducción de las serpientes 22
¿Qué edad alcanzan las serpientes y cómo crecen? 29
¿Cómo viven las serpientes y cómo se comportan? 30
¡Cuidado, serpiente venenosa! 31

El veneno de las serpientes 34
Obtención de suero 35
Venenos de serpiente para la fabricación de medicamentos 35
¿Qué hacer en caso de mordedura de serpiente venenosa? 36
Medidas de primeros auxilios 37
Institutos para la obtención de suero de serpiente 38

¿Dónde viven las serpientes? 40

¡Las serpientes también tienen enemigos! 41

Medidas de protección 42

Serpientes bajo el cuidado humano 43

La sistemática de las serpientes 44

Claves de determinación 46
Clave de determinación para las familias 46
Clave de determinación para los géneros 47

Descripción de las especies 51
Serpientes ciegas (Typhlopidae) y serpientes gusano (Leptotyphlopidae) 52
Boidos (Boidae) 59
Culebras (Colubridae) 65
Elápidos (Elapidae) 166
Vipéridos (Viperidae) 171

Lista de especies de los diversos países 230

Bibliografía 239

Índice alfabético 241

Procedencia de las ilustraciones 247

Prólogo

El presente libro está dirigido en primer lugar al aficionado amante de la naturaleza y los animales, pero también puede ser de utilidad al zoólogo especialista, dada la cantidad de la información aportada. Como misión especial me he planteado suscitar el interés y la simpatía hacia el fascinante mundo de las serpientes, a través de una información objetiva.

En la fase inicial de la planificación de este libro resultó ser un problema la delimitación del área geográfica prevista. Ésta seguramente es arbitraria, pero también tiene cierta lógica:
Europa incluye en nuestro caso Europa oriental y sobre todo la parte europea de Rusia. La idea de incluir las serpientes del área africana mediterránea en la fauna europea resulta de la suave transición de la zona del sudeste y sudoeste europeo de climas más moderados a la zona subtropical de Asia Menor y el norte de África. Las fronteras de estas áreas se trazan de distinta forma: en el norte de África vienen dadas por la zona del desierto del Sáhara y no las sobrepasan.
En el área mediterránea oriental de Israel, el Líbano, Jordania y Siria, la zona descrita se limita a las regiones de clima mediterráneo, pero adentrándose algo en el interior seco del país.
El trazado de fronteras más difícil es la delimitación de la zona de Turquía y el sur de Rusia entre el Mar Negro y el Mar Caspio. En este caso, el establecimiento de éstas se vuelve algo inconsecuente debido a la gran distancia que separa dicha zona del Mar Mediterráneo, pero es necesario para el panorama global de la fauna herpetológica turca y además está justificado por el hecho de que la región del Cáucaso vuelve a confluir con la región europea. Además, los elementos de la fauna del Próximo Oriente, que ya se presentan en el área del nordeste de Turquía, Armenia y finalmente el noroeste de Irán, sin duda significan un enriquecimiento de la relación de especies aquí descrita.

¿Cuál es el orden de materias de este libro?

A un texto general de introducción, que está dividido en cortos capítulos referentes a la morfología, biología y ecología, etología, los venenos de las serpientes, cuidado de las serpientes bajo la tutela humana, protección de las serpientes y clasificación sistemática de este grupo animal, le siguen en la parte detallada y específica del libro en primer lugar las claves para la determinación de las familias y géneros, y a continuación la presentación de las distintas especies con texto e ilustraciones.

Para una mayor claridad, cada tipo de serpiente es descrito siguiendo un mismo esquema:

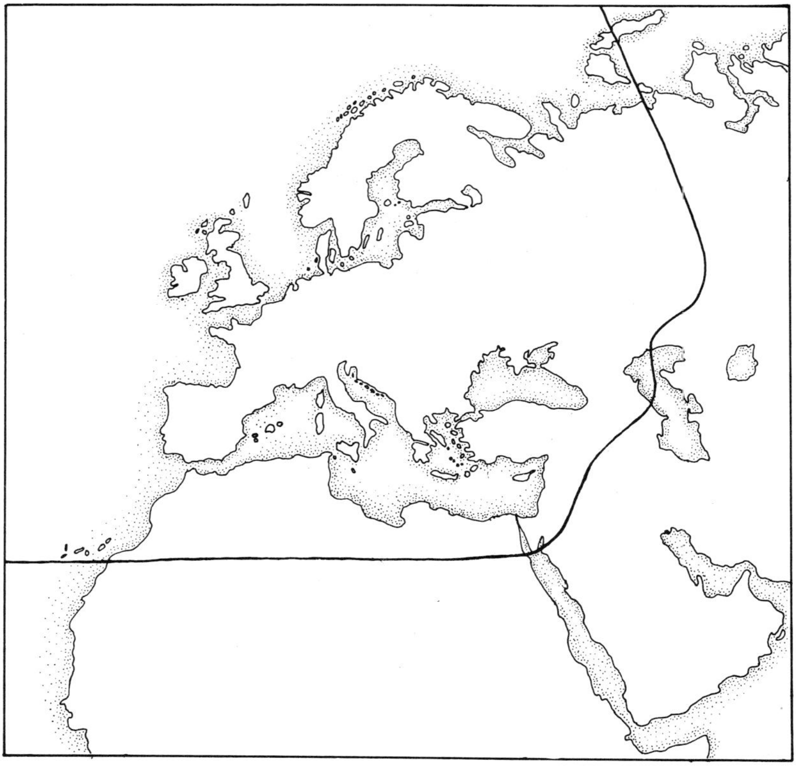

Mapa del área geográfica considerada en el presente libro. Los límites de la línea continua no son rígidos, sino que admiten desviaciones para algún que otro grupo de serpientes.

- ▲ Características (tamaño, escamas, coloración, dibujo)
- ▲ Hábitat
- ▲ Biología (actividad, comportamiento, alimentación, reproducción, hibernación)
- ▲ Singularidades (lo típico de cada especie a primera vista, la peligrosidad de las serpientes venenosas)
- ▲ Distribución (con datos sobre la diferenciación de las subespecies)

La clasificación de las distintas especies sigue el sistema natural hasta el nivel de familia.

Serpientes ciegas
Serpientes gusano
Boidos
Colúbridos con los boiginos
Elápidos
Vipéridos con los crotalinos

Dentro de las familias, los géneros y especies están clasificados por orden alfabético de sus nom-

bres latinos (científicos) genéricos y específicos.
A continuación de las descripciones detalladas, las especies de serpientes se clasifican por su procedencia de los distintos países y zonas, de forma que a primera vista se pueden observar los tipos de serpientes que se encuentran, por ejemplo, en Grecia.

Finalmente, se incluye una extensa bibliografía para las personas interesadas.

¿Cuál es la mejor forma de encontrar un determinado tipo de serpiente?

En primer lugar se puede encontrar el género con las claves de determinación de la familia.
A continuación se establece el área geográfica deseada mediante la lista de especies de los países y regiones. Con ello se reduce a una cantidad apropiada el número de especies de las serpientes en cuestión.
Luego se examinan y determinan las características de la serpiente en base a las ilustraciones y el texto. Además de las características descritas, el texto proporciona también información adicional sobre el hábitat y la biología, muy útiles para la determinación.
Esta forma de aproximación para la determinación de una serpiente encontrada es relativamente sencilla para el aficionado, y por lo tanto se puede prescindir de la elaboración de una clave de determinación para las especies, con todos los errores que conlleva la generalización.

Soy consciente de que el presente libro contendrá errores e inexactitudes, ya que pude basarme en mis propias investigaciones sólo hasta cierto punto, y en la mayoría de las especies descritas tuve que remitirme a la información de la bibliografía científica y popular.
Sin embargo, siempre he procurado lograr el máximo de actualidad y exactitud y estoy convencido que estos esfuerzos habrán proporcionado a mis lectores una obra práctica sobre las serpientes y que se corresponde con la realidad natural.
Si a pesar de ello se observaran errores –y espero que me envíen sus cartas– seguramente en una futura edición éstos serán corregidos y puestos al día.
Si a través del presente libro se incrementa el interés y el conocimiento del muchas veces poco conocido mundo de las serpientes, ésta será la mejor recompensa para mi trabajo.

Munich, 1989

Presentación de las serpientes

Las serpientes pertenecen al grupo animal que más sujeto está a prejuicios.
Quizás sea la forma de vida silenciosa y oculta, en combinación con que muchas especies son venenosas, lo que ha llevado a que el hombre se enfrente a las serpientes con miedo, pero también con respeto y veneración.
A menudo las serpientes juegan un importante papel en los mitos y leyendas de los pueblos, y no siempre como símbolo del mal o de la falsedad, sino también como símbolo de fuerza protectora o como signo de poder.

En relación con el antiguo dios de la salud, ESCULAPIO, la serpiente era considerada como símbolo del rejuvenecimiento debido a la regular muda de su piel. Desde ese momento, pasando por los romanos, ha llegado hasta nuestros días como símbolo del arte de curar en la vara de Esculapio. La Culebra de Esculapio recuerda con su nombre este significado simbólico.

Las serpientes representan sistemáticamente un suborden en la clase animal de los reptiles, los "saurios" que en el Mesozoico, hace alrededor de 180 millones de años, dominaban la Tierra.
Debido a que del frágil esqueleto de las serpientes generalmente sólo se conservan las vértebras, se sabe poco acerca de su origen. Sin embargo, se supone que los antepasados de las serpientes eran reptiles similares a los lagartos. Quizás sea posible considerar a *Lanthanotus borneensis*, un reptil parecido a un varano que vive en los pantanos de Indonesia, como eslabón de unión vivo con las serpientes. En el largo curso de su historia, los antepasados de las serpientes perdieron las patas. Los huesos vestigiales en el esqueleto lumbar de especies de hoy en día, como son los ilísidos, las serpientes ciegas o los boidos, indican esta pérdida. Estos restos

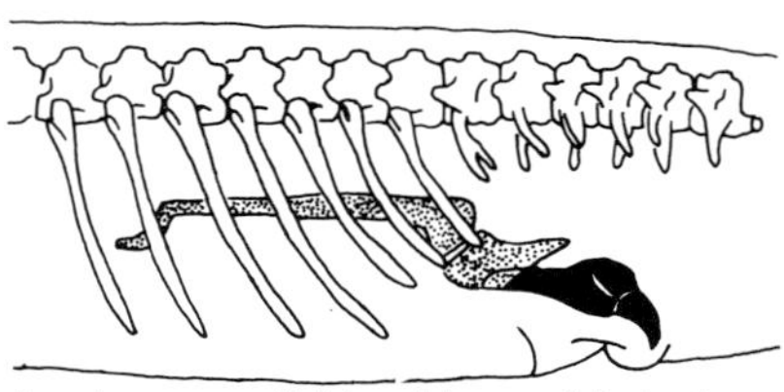

Los huesos vestigiales del esqueleto lumbar de los boidos gigantes indican que las serpientes perdieron las patas en el curso de su evolución.

de las extremidades se pueden observar a veces en algunas especies en forma de espolones anales a la derecha e izquierda del ano. También el hecho que hoy en día la ciencia clasifique a los lagartos y serpientes como suborden del orden de los Escamosos deja patente su estrecho parentesco.

Morfología de una serpiente

Todas las serpientes se caracterizan por su forma alargada y la

A pesar de su cuerpo alargado y carente de patas, ni el Lución *(Anguis fragilis)*, fotografía de arriba, ni el Cheltopusic *(Ophisaurus apodus)*, fotografía de abajo, son serpientes. Ambos son lagartos ápodos, que se diferencian claramente de las serpientes por sus escamas, su morfología interna y también por su sistema de desplazamiento.

pérdida de las extremidades. Con las extremidades también se han perdido la cintura pélvica y cintura escapular.

El cuerpo de la serpiente está cubierto de una **piel escamosa** córnea, cuyas escamas se superponen como las tejas de los tejados.

Los **ojos** no poseen párpados móviles, sino que están cubiertos de una escama transparente que les proporciona un aspecto rígido. Con la muda, esta escama transparente también es eliminada.

El **cráneo** es muy móvil: los dos arcos maxilares están unidos únicamente por ligamentos elásticos y la articulación maxilar propiamente dicha está ausente.
Debido a la gran movilidad de las diferentes partes del cráneo, las serpientes pueden extender enormemente la abertura bucal al devorar la presa.
Los dientes no están anclados en orificios alveolares, sino que están dispuestos sobre el hueso maxilar. Sólo sirven para sujetar a la presa. Debido a que no existe esternón, el esófago también se puede dilatar mucho. La abundante saliva hace que el alimento se pueda deslizar fácilmente, y el jugo gástrico favorece la digestión.

Detrás del cráneo, el **esqueleto** de las serpientes se compone únicamente de vértebras y costillas (un promedio de 200-400, en casos extremos más de 500).
Las costillas están unidas a las vértebras del tronco y cola a través de una articulación, y acaban libremente.

Los **órganos internos** son, de acuerdo con la forma corporal, alargados. En cuanto al pulmón, la mayoría de especies de serpientes presentan una atrofia del lóbulo izquierdo, mientras que la mitad derecha, plenamente desarrollada, acaba en la parte posterior en una bolsa de aire de paredes lisas, mediante la cual el animal cubre sus necesidades de oxígeno cuando al devorar la presa la tráquea es comprimida.
Los órganos digestivos y reproductores también poseen una forma alargada.
Los órganos copuladores masculinos tienen la forma de "hemipenes" protuberantes, son pares, y generalmente presentan espinas o púas.
El intestino acaba en una cloaca, de la cual se excretan heces y también la orina.

Locomoción

Debido a que las serpientes no poseen patas, se mueven arrastrándose, ayudándose con las múltiples costillas móviles. Existen 4 tipos principales de locomoción en las serpientes:

▲ El "serpenteo" o movimiento ondular horizontal, que es el tipo de locomoción más frecuente.
En este tipo de locomoción, las irregularidades del suelo o de las plantas sirven de punto de apoyo.
Cuando nadan, las serpientes también se desplazan con movimientos ondulares serpenteantes.

▲ El sistema de arrastre de tipo acordeón es utilizado sobre todo por las serpientes que viven bajo

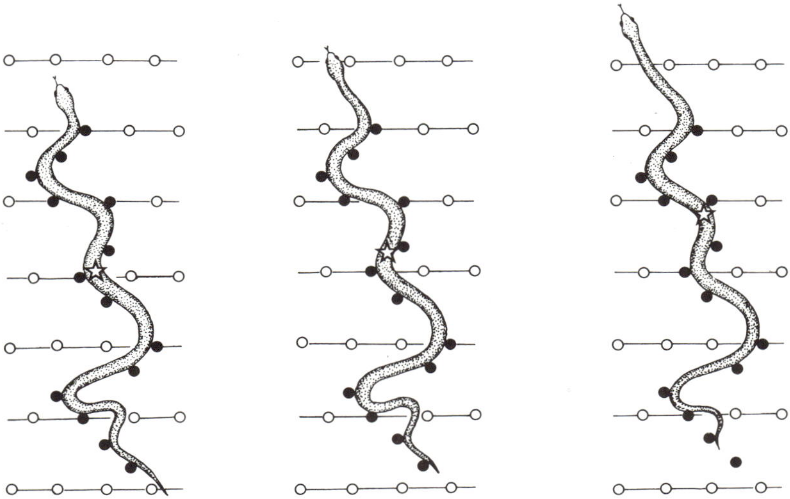

Durante el "serpenteo", la forma de locomoción más frecuente, se utilizan como apoyo las irregularidades del suelo (puntos negros). La estrella registra el desplazamiento de un punto determinado del cuerpo.

También la natación es una forma de locomoción de las serpientes, que se realiza mediante movimientos serpenteantes. Las culebras de collar son nadadoras especialmente buenas.

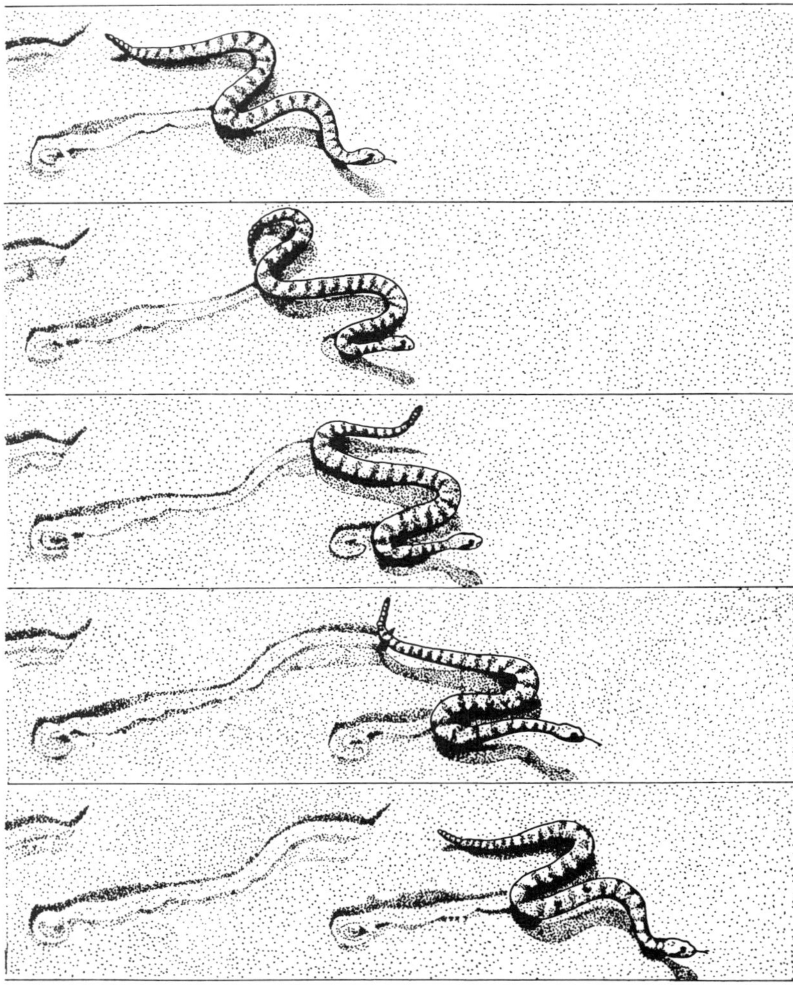

tierra. En este caso, la serpiente ancla su cuerpo en un estrecho tubo y empuja y arrastra la parte delantera y trasera de su cuerpo en la dirección deseada.

▲ El movimiento de oruga es utilizado por las serpientes veneno-

Las serpientes con serpenteo lateral desplazan su cuerpo lateralmente por la arena del desierto dejando una huella característica.

sas cortas y gruesas del grupo de las víboras. La columna vertebral permanece estirada y las costillas provistas de una fuerte musculatura clavan su extremo libre fuertemente en el abdomen. Las serpientes "andan" sobre sus costillas, y el movimiento ondular, que se transmite a todas ellas, tiene el aspecto del movimiento del ciempiés o el reptar de la oruga de una mariposa.

▲ En el serpenteo lateral, utilizado por algunas serpientes del desierto, el cuerpo se desliza lateralmente por la arena estando en contacto con el suelo en unos pocos puntos del abdomen. De forma alterna, una parte del cuerpo es alzada y apoyada en el suelo detrás de la cabeza y delante de la cola, con lo que se produce un tipo de movimiento similar al caminar. Las serpientes que se desplazan mediante el serpenteo lateral pueden alcanzar una asombrosa velocidad.

Algunas serpientes deserticolas, como la Víbora cornuda, se desplazan mediante un serpenteo lateral por la arena del desierto dejando detrás de sí una huella muy característica.

Capacidad sensorial

Las serpientes son animales poiquilotermos (ectotermos), es decir, su temperatura corporal y con ello su actividad dependen de la temperatura ambiental. Esta dependencia tiene relación con sus capacidades sensoriales.

El sentido más importante de las serpientes es el **olfato,** que a menudo por sí solo les lleva a la presa. Mucho más importante que la nariz es el denominado órgano de Jacobson, que se encuentra en el paladar. Cuando la serpiente silba con su lengua pro-

Las serpientes huelen principalmente mediante su lengua bífida, absorbiendo las sustancias olorosas del aire en su superficie y llevándolas al órgano de Jacobson, situado en el techo del paladar.

fundamente hendida, bífida, que sin abrir la boca sale por un orificio situado debajo del morro, capta las sustancias olorosas del aire y las introduce con la lengua en el órgano olfativo.
Por lo tanto, las serpientes huelen predominantemente con su lengua.

El **sentido de la vista** está desarrollado de diferente forma en las distintas especies de serpientes –y sobre todo es malo en las especies excavadoras que viven bajo tierra. Reaccionan ante todo frente a objetos que se mueven.

Las serpientes no poseen orejas, ni conductos auditivos o tímpanos por lo que **oyen** mal.
Por esta razón, los encantadores de serpientes de El Cairo, Túnez o Marrakesch no exhiben serpientes que "bailan" con la música de sus flautas, sino que sencillamente las excitan: habituados a visualizar a sus enemigos antes de atacar, los animales intentan fijar la vista en la flauta que oscila de un lado a otro y se mueven con la parte delantera del cuerpo erecta. ¡Las serpientes no pueden oír la música de las flautas!

Las "serpientes bailarinas" de los encantadores de serpientes no pueden oír las notas de la flauta –levantan el cuerpo para poder fijar al posible enemigo con la vista y para amenazarlo.

Los crotalinos poseen una fosita loreal (órgano termosensorial) entre el orificio nasal y el ojo, con el cual pueden percibir diferencias de temperatura mínimas.
Los crotalinos son sobre todo serpientes subtropicales y tropicales.

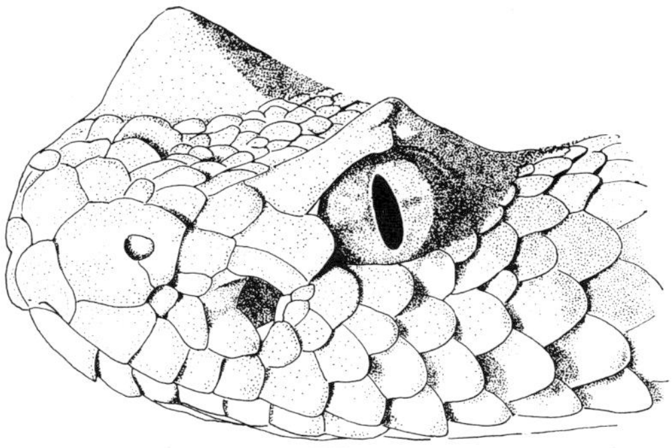

Los crotalinos presentan entre el orificio nasal y el borde anterior del ojo la fosita loreal, con órgano termosensorial, con el cual pueden localizar y perseguir presas de sangre caliente incluso en una total oscuridad.

El oído interno, sin embargo, está bien desarrollado y reacciona muy sensiblemente a las vibraciones, como por ejemplo a los pasos de una persona o de un mamífero grande.

Las serpientes venenosas de la subfamilia de los Crotalinos han desarrollado una capacidad sensorial adicional: la **localización mediante el calor.**
Con ayuda de un órgano sensorial situado entre los ojos y las fosas nasales, la fosita loreal, pueden percibir la radiación calórica de presas de sangre caliente como los ratones o pájaros y perseguirlos incluso en completa oscuridad.
Pueden percibir diferencias de temperatura de 1/10 de grado.

¿Qué comen las serpientes?

Las serpientes se alimentan de presas vivas.
Matan sus presas por estrangulamiento o mediante una mordedura venenosa y a continuación las devoran íntegramente. A veces, las presas más pequeñas son devoradas de inmediato y estando aún vivas. El proceso de devorado es largo y requiere mucho esfuerzo: una vez apresado el animal, éste es introducido lenta y entrecortadamente en las fauces, cerrándose la cabeza y el maxilar alrededor del alimento.
En muchas víboras, los dientes venenosos que se hallan implantados en huesos móviles ayudan actuando como tenazas.

Algunas especies de serpientes se han especializado en un tipo característico de alimento, como por ejemplo la Culebra lisa europea *(Coronella austriaca)* en lagartos y pequeñas serpientes o la Culebra de collar *(Natrix natrix)* en sapos y peces.
Sin embargo, la mayor parte de las especies que tienen una alimentación especializada se encuentran en los trópicos, donde se hallan los devoradores exclusivos de huesos, caracoles y serpientes.

Las serpientes devoran sus presas íntegramente. Esta Culebra de Esculapio se traga un ratón más grande que su cabeza (fotografía de arriba). A continuación se observa cómo la musculatura del cuello va empujando la presa lentamente hacia el estómago (fotografía de abajo).

El momento de la muda de camisa se anuncia –como aquí en la Culebra leopardina– por el enturbiamiento lechoso de los ojos (arriba).

Esta Víbora cornuda sale de la vieja piel como de un guante apretado (abajo).

Las pieles viejas se denominan "camisas". A menudo es posible determinar la especie a partir de estas pieles: arriba, camisa de una Culebra de collar, abajo la de una Víbora europea.

Debido a que los dientes de las serpientes únicamente sirven para sujetar y no para desmenuzar la comida, las secreciones digestivas, extraordinariamente eficaces, son las encargadas de digerir completamente la presa incluyendo los huesos, cuernos, tendones y pelos.

Las serpientes toleran extraordinariamente bien la inanición: algunas especies pueden ayunar durante uno o incluso dos años sin sufrir trastornos.

Muda

Las serpientes "mudan la camisa" cuando crecen. La eliminación de la piel córnea superficial, que también incluye la de los ojos, se denomina "muda de camisa".
El momento de la muda de camisa se anuncia sobre todo por el enturbiamiento lechoso de los ojos, que generalmente son transparentes.

La piel se rompe primero por el extremo bucal, y a continuación la serpiente se desliza empezando por la cabeza y siguiendo luego hasta la cola como si se desembarazara de un guante bien ajustado, quedando la piel vieja del revés. Las pieles transparentes eliminadas pueden hallarse a veces como "camisas de serpientes" en las áreas habitadas por éstas.

Reproducción de las serpientes

Las serpientes de diferente sexo se encuentran a través del sentido del olfato.
Antes del apareamiento se produce un extenso y prolongado galanteo.

Dos machos de Víbora europea durante la lucha preliminar al apareamiento, durante la cual y mediante un abrazo, el enderezamiento del cuerpo y el aplastamiento no sangriento del contrincante, se decide quién es el más fuerte.

Durante la lucha de los machos, previa al apareamiento, muchas especies de víboras abrazan al contrincante e intentan aplastarlo. Estas luchas rituales se desarrollan sin producirse lesiones.

Cuando hay varios machos que compiten por una hembra, en algunas especies se puede decidir mediante **luchas rituales** qué serpiente será la privilegiada.
Entre las serpientes que practican estas luchas se encuentran por ejemplo la Víbora europea *(Vipera berus)* y la Víbora de cuerno *(Vipera ammodytes).*

La **cópula** propiamente dicha generalmente dura mucho tiempo y se puede prolongar durante varias horas. Los órganos copuladores del macho (hemipenes, hemipene en singular) son pares y están escondidos en bolsas situadas detrás de la cloaca, a derecha e izquierda de la raíz de la cola.
Con la erección sobresale un hemipene que es introducido en la cloaca de la hembra, en la cual se ancla mediante las protuberancias espinosas.
Estas estructuras espinosas del hemipene tienen una forma y disposición tan especiales que pueden ser utilizadas para la clasificación sistemática de los distintos grupos y especies de serpientes.
En la cópula siempre es utilizado el hemipene que está más cerca de la cloaca femenina.
La mayoría de las serpientes ponen huevos. Algunas especies, sin embargo, paren crías vivas, por ejemplo la Culebra lisa europea *(Coronella austriaca)* o la mayoría de las víboras y crotalinos.
En el caso de las crías que nacen vivas, éstas salen del huevo estando aún dentro del cuerpo materno, poco antes de la puesta de los huevos o inmediatamente después de ésta. Este proceso se llama ovoviviparismo.
Las ventajas de este proceso son evidentes, ya que las jóvenes serpientes se pueden desplazar y esconder inmediatamente –las puestas, sin embargo, siempre están en peligro a causa de los depredadores de huevos.
Otra ventaja del ovoviviparismo está en el hecho de que las serpientes de climas fríos (por ejemplo la Víbora europea) pueden retrasar el momento del nacimiento durante todo el invierno esperan-

En todas las especies de serpientes el apareamiento se desarrolla, según un esquema parecido, tanto si se trata de una pareja de Víboras europeas (arriba) como de una pareja de Víboras áspid (abajo): El macho repta sobre el cuerpo de la hembra, abraza con su cola la de ésta e introduce el hemipene en la cloaca femenina.

La cópula puede durar mucho tiempo –a veces horas.

El órgano copulador masculino consiste en dos protuberancias –llamadas hemipenes– que están cubiertas de espinas (arriba).
Estos órganos juegan un papel importante en la clasificación sistemática, por lo que en los ejemplares conservados en los museos, frecuentemente se exponen sobresaliendo artificialmente (véase la fotografía).

La mayoría de especies de serpientes ponen huevos. Aquí vemos una Culebra de cuatro rayas, que ha puesto unos huevos relativamente grandes en un terrario (abajo).

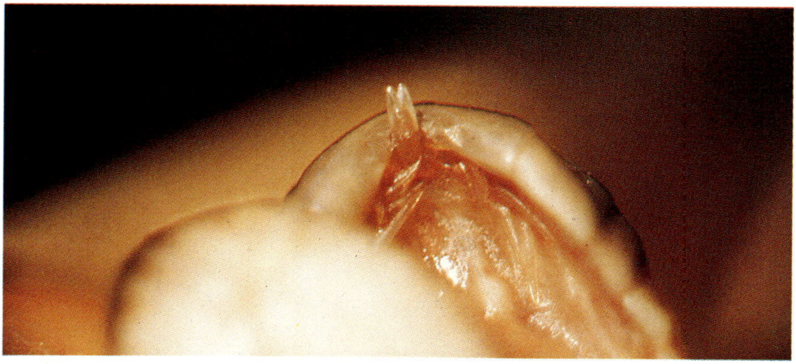

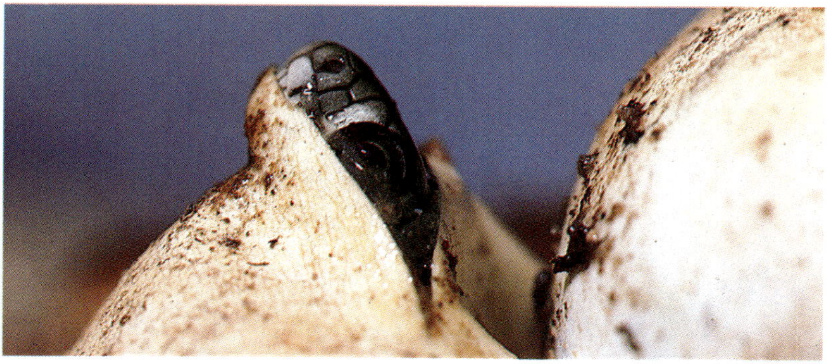

Proceso de eclosión del huevo de una Culebra de collar. Primero se raja la cáscara del huevo, que tiene la consistencia del cuero (izquierda, arriba).
Esto lo hace la cría con el diente de eclosión que está dirigido hacia adelante y que posteriormente se cae (izquierda, centro). La cabeza de la joven Culebra de collar sale del huevo con precaución, silba y explora el ambiente con su órgano olfativo. Ante cualquier perturbación el animal se retira inmediatamente (izquierda abajo y derecha arriba).
Finalmente el joven animal abandona el huevo y comienza una vida independiente (derecha, abajo).

La Culebra lisa europea es –al igual que la Víbora europea– una serpiente ovovivípara. Los jóvenes nacen dentro de una envoltura mucosa transparente (izquierda, arriba) de la cual se liberan inmediatamente después del nacimiento mediante movimientos serpenteantes (izquierda, abajo).

Las diminutas serpientes jóvenes (derecha) deben cuidar de sí mismas desde el momento del nacimiento.

do la llegada de la siguiente primavera.

En ocasiones, las hembras de una especie de serpiente, como por ejemplo la Culebra de collar *(Natrix natrix)*, se reúnen en gran número en un lugar favorable para la puesta y sitúan los huevos en **puestas comunitarias.**
En las proximidades de aserraderos, ha habido casos en los que en un montón de virutas se han encontrado varios cientos e incluso miles de huevos.

Antes de abandonar el huevo, las crías rajan las cáscaras con un dentículo dirigido hacia adelante, y a continuación salen de ella en varios intentos. El dentículo se cae inmediatamente después de haberse rajado el huevo.

En cuanto las crías ven la luz, los padres ya no se preocupan más de ellas. Las jóvenes serpientes, una vez salidas del huevo, están abandonadas a su suerte y deben incluso protegerse de sus propios compañeros de especie.

¿Qué edad alcanzan las serpientes y cómo crecen?

Las expectativas de vida, madurez sexual y crecimiento son bastante distintos en las diferentes familias, géneros y especies:
El promedio de vida de la Víbora europea *(Vipera berus)*, por ejemplo, es de alrededor de 5-8 años; se sospecha que puede llegar a una edad de 15 años.
Las Culebras de collar *(Natrix natrix)* llegan a los 12-15 años, incluso quizás a los 20 años.
En las Víboras de cuerno *(Vipera ammodytes)* se sospecha, en base a las observaciones realizadas

en terrarios durante decenios, que pueden alcanzar una edad de 25-30 años.
Se pueden suponer edades similares para otros muchos grupos de serpientes como los colúbridos, diferentes tipos de víboras o los crotalinos.
Generalmente podemos asumir que las especies más pequeñas de serpientes tienen un menor promedio de vida que las serpientes grandes.

Las serpientes crecen durante toda su vida. En su juventud el crecimiento es más rápido, y con la edad se retarda. Cada muda de camisa significa un crecimiento más.

Por lo tanto, se puede afirmar que los ejemplares grandes de una especie también son relativamente viejos.

¿Cómo viven las serpientes y cómo se comportan?

El comportamiento de las serpientes está determinado por múltiples factores como son el hábitat, la relación con la presa, la reproducción o los enemigos.
Debido a que estos animales generalmente se mueven silenciosamente, rara vez se podrá ver una serpiente en su hábitat natural. Cambian a disgusto de lugar y sólo lo hacen cuando son obligadas a ello. Son la captura de presas, el instinto de reproducción o la fuga los que hacen que las serpientes se desplacen –si no, siempre están en un lugar tranquilo.

Todas las serpientes son depredadoras: Unas persiguen a la presa, otras esperan inmóviles hasta que la presa llega a su alcance. En muchos casos, las serpientes están bien mimetizadas por su coloración y dibujo, de forma que se confunden casi completamente con el entorno.
Debido a que son muy ariscas, prefieren huir de un peligro o un enemigo que atacarlo o defenderse.

Cuando en la búsqueda de un compañero sexual, una serpiente se topa con un rival, o de improviso se encuentra con un enemigo, **amenazará e impresionará** para alejar al rival o avisar al enemigo.
Las formas de comportamiento habituales que tienen lugar en este proceso tienen un patrón especial y se han desarrollado en el curso de la evolución.
Es especialmente característico de las serpientes el silbido como **reacción de aviso o amenaza.**
Sin embargo, la Gariba *(Echis carinatus)* no produce el sonido silbante con el aire de la respiración, sino con sus escamas laterales aquilladas que frota mediante un movimiento serpenteante. De esta forma se evita una pérdida excesiva de humedad por la expulsión de aire.
Algunas serpientes, como por ejemplo la Culebra viperina *(Natrix maura)* u ocasionalmente la Culebra de collar *(Natrix natrix),* aplanan la zona de la nuca, se yerguen un poco y silban fuertemente.
Otras especies venenosas hacen temblar y sacuden fuertemente la cola, con lo cual producen un sonido susurrante con el suelo o

Reflejo de aparentar estar muerta de una Culebra de collar. Este comportamiento probablemente pretende evitar el ataque de otros animales, pero su eficacia es discutible.

sobre las hojas secas. En el lenguaje de las serpientes venenosas, estos sonidos de aviso y amenaza significan: ¡Cuidado, no te acerques demasiado si no tendré que morder!
El dicho popular reza: "Perro ladrador poco mordedor". Incluso las serpientes que avisan y amenazan conspicuamente en general son perezosas para morder. Usualmente sólo atacan cuando han sido provocadas durante mucho tiempo y repetidamente.
Un fenómeno curioso es el **"simular la muerte"** que se puede observar sobre todo en la Culebra de collar *(Natrix natrix):*
Las serpientes quedan totalmente fláccidas, están total o parcialmente echadas sobre la espalda y con la lengua sobresaliendo de la boca. Este estado puede durar hasta media hora antes de que el animal aparentemente muerto recobre la vida.
Si se tira al agua la serpiente que finge estar muerta ésta "recobra" inmediatamente la vida.
El significado de este comportamiento de simular la muerte seguramente es la protección frente a los enemigos, para prevenir su ataque ya desde lejos. La eficacia de esta conducta sin embargo es dudosa.

¡Cuidado, serpiente venenosa!

Seguramente las serpientes resultan inquietantes para muchas personas, debido a que algunas especies poseen glándulas y dientes venenosos. Sólo una quinta parte, aproximadamente, de las alrededor de 2700 especies de serpientes son realmente veneno-

En las serpientes se distinguen 4 tipos de dientes:

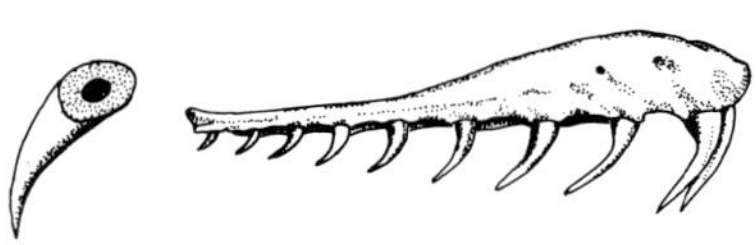

–dientes lisos y regulares (aglifos; serpientes ciegas, leptotiflópidos, boidos, culebras);

–dientes inoculadores de veneno anteriores con surco (proteroglifos; elápidos, serpientes marinas);

–dientes inoculadores de veneno posteriores con surco (opistoglifos; boiginos);

–dientes inoculadores de veneno tubulares y anteriores (solenoglifos; víboras, crotalinos).

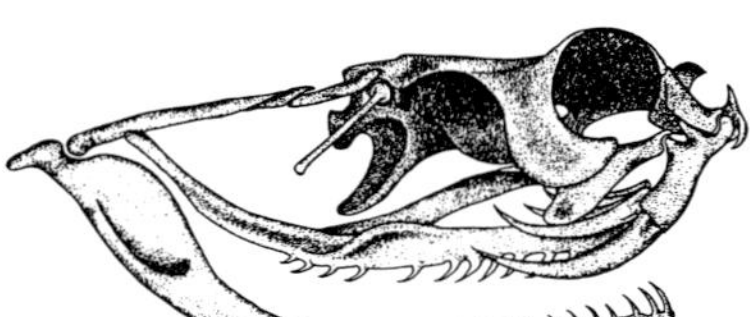

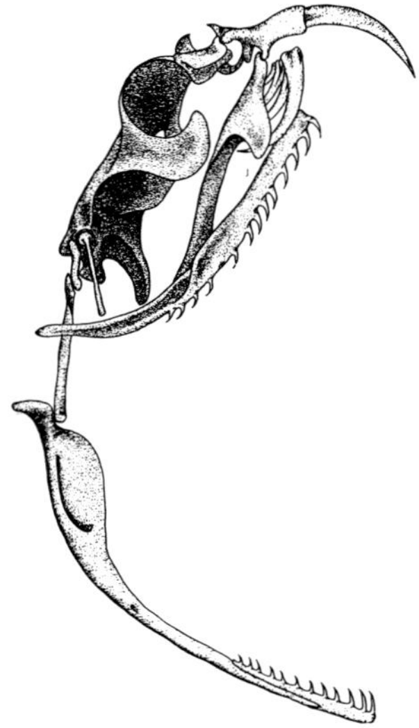

Cráneo de una víbora en posición de reposo (izquierda); el aparato dentario venenoso está plegado hacia atrás, mientras que con la boca abierta para morder (derecha) el diente venenoso está dirigido hacia adelante en ángulo recto u obtuso, preparado para inyectar el veneno.

sas, pero el veneno de estas "serpientes venenosas verdaderas" es altamente eficaz y puede provocar la muerte, incluso del hombre.

El veneno es producido en las glándulas venenosas situadas en la cabeza, detrás de los ojos, y conectadas a través de un canal conductor del veneno con los dientes venenosos del maxilar superior.
La estructura y posición de los dientes venenosos desempeñan un importante papel en la clasificación sistemática de las serpientes. Se distinguen, aparte de los dientes lisos y regulares (dientes aglifos) de los colúbridos no venenosos, tres tipos de dientes venenosos:

▲ Dientes posteriores con surcos (dientes opistoglifos)
Estos dientes se hallan en la mitad posterior del maxilar superior y son muy grandes y presentan surcos. Están en conexión con glándulas venenosas y actúan como "dientes venenosos". Debido a la posición posterior de los dientes, los accidentes por mordedura son raros. El veneno –con algunas pocas excepciones– es relativamente débil.
Estos dientes se encuentran en todos los Boiginae (por ejemplo en la Serpiente gato y la Culebra bastarda).

▲ Dientes anteriores con surcos (dientes proteroglifos)
Se trata de dientes grandes, situados en la parte delantera del maxilar superior, fuertemente anclados, que están provistos de un surco longitudinal parcial o casi totalmente cerrado, a través del cual fluye el veneno en caso de mordedura.
Este tipo de dientes los poseen los hidrópidos y los elápidos (por ejemplo las cobras).

▲ Dientes anteriores tubulares (dientes solenoglifos)
En ambas mitades delanteras del maxilar superior se hallan dos o más grandes dientes sobre un hueso móvil (maxilar), que para morder es colocado en ángulo recto u obtuso hacia adelante. Los colmillos son parecidos a tubos cerrados y actúan en caso de mordedura como jeringuillas de inyección.
El orificio de salida del veneno se encuentra en la parte externa, por encima de la punta del diente, con lo cual se obtiene un mejor efecto de inyección. En posición de reposo, el maxilar con el diente venenoso se halla plegado hacia atrás en un pliegue de la membrana mucosa. Detrás de los dientes venenosos funcionales siempre se encuentran varios dientes de reserva en diferentes fases de desarrollo. Cuando un diente venenoso funcional se rompe o cae, un diente de reserva ocupa su lugar y es "conectado" al canal del veneno.
Este tipo de dientes es el que poseen las víboras y los crotalinos (por ejemplo, la Víbora europea, Víbora de cuerno, Mocasín asiático).

El veneno de las serpientes

El veneno es útil para las serpientes de muchas formas:
- para matar la presa
- para preparar la digestión mediante un porcentaje de fermentos digestivos
- para defenderse de los enemigos.

La composición de las secreciones venenosas puede ser muy variable, pero generalmente se trata de una compleja mezcla de sustancias proteínicas.

En general, se pueden distinguir dos efectos principales:
- una acción neurotóxica, que altera el sistema nervioso (sobre todo en los hidrópidos y elápidos) y
- una acción citotóxica, que destruye tejidos y sangre (sobre todo en las víboras y crotalinos).

Sin embargo, ambos tipos de veneno pueden estar mezclados y encontrarse junto con otros enzimas, de forma que los venenos de las serpientes constituyen una mezcla muy compleja de diferentes sustancias proteínicas de alto y bajo peso molecular con propiedades en parte ácidas y en parte básicas.
Las neurotoxinas paralizan la musculatura cardíaca y ocular, bloqueando las sinapsis entre las neuronas y el músculo, impidiendo así la transmisión del impulso nervioso.
Los venenos citotóxicos provocan la destrucción de las paredes vasculares y la descomposición de los glóbulos rojos sanguíneos.

Dependiendo de la compleja composición de los venenos de serpiente se puede observar el siguiente patrón de acción de los venenos:
- trastornos del sistema nervioso
- parálisis respiratoria
- trastornos cardíacos
- destrucción de las paredes vasculares (hemorragias)
- descomposición de los glóbulos rojos sanguíneos (hemólisis)
- necrosis musculares y renales
- destrucción tisular
- desencadenamiento de la coagulación (trombosis)
- inhibición de la capacidad de coagulación de la sangre.

El efecto de la mordedura venenosa depende del sitio en que tuvo lugar, de la concentración y cantidad de veneno, y del tamaño y constitución de la víctima. Un factor esencial también es la potencia de los distintos venenos.

Una persona sana y adulta puede superar la mordedura de una Víbora europea *(Vipera berus)* incluso sin ayuda médica en 6-8 semanas. La mordedura por una Gariba *(Echis carinatus)* o Áspid de Cleopatra (*Naja haje*) es mortal sin tratamiento médico y sin ¡la utilización de un suero antiveneno! Sin embargo, también puede suceder que el shock del miedo se añada a la mordedura venenosa, empeorando los síntomas generales o provocando la muerte.
La estructura fundamental de los venenos de serpiente y su composición exacta aún no han sido

científicamente aclarados. Su origen filogenético seguramente podría remontarse a las secreciones digestivas.

Obtención de suero

El tratamiento más eficaz para las mordeduras de serpiente consiste en la administración de los denominados sueros antiveneno. Hoy en día es posible neutralizar la mayoría de los venenos de serpiente de una determinada zona. Estos sueros se presentan principalmente en dos tipos:

- sueros monovalentes, que se utilizan contra el veneno de una única especie, y
- sueros polivalentes, que en forma de mezcla de sueros son eficaces contra los venenos de varias especies de serpientes de una determinada área geográfica.

Para obtener los sueros, en primer lugar hay que extraer el veneno de las serpientes vivas. Este "ordeñamiento" de las serpientes venenosas se realiza predominantemente en las denominadas granjas de serpientes. La extracción del veneno debe realizarse con mucho cuidado a fin de evitar lesionar a las serpientes, los accidentes por mordedura y la contaminación de los venenos. Hoy en día, este procedimiento suele realizarse de forma parcial o totalmente automatizada. Tras la extracción, el veneno debe estabilizarse y finalmente se debe determinar la cantidad y potencia tóxica del veneno obtenido. A continuación se puede proceder a la obtención del suero propiamente dicho. Para ello, se inyectan a caballos (ocasionalmente también a vacas) pequeñas dosis de veneno de serpiente en cantidades paulatinamente crecientes. Los animales así tratados forman los anticuerpos contra el veneno, que les proporcionarán inmunidad. A continuación se extrae la antitoxina a partir de la sangre de los animales inmunizados que representa la base para el suero.

Venenos de serpiente para la fabricación de medicamentos

Aparte de la obtención de sueros, los venenos de serpiente también tienen una creciente importancia en la fabricación de determinados medicamentos y en la investigación científica. Así, a partir de los venenos de algunas víboras se producen preparados para la estimulación medicamentosa de la coagulación sanguínea en operaciones quirúrgicas, en ginecología u odontología, y también se elaboran medicamentos para inhibir la coagulación de la sangre.

Los venenos de serpiente, como sustancia de base de medicamentos, también se utilizan para el tratamiento de enfermedades epilépticas y reumáticas, en el tratamiento de la lepra y de algunas enfermedades alérgicas.

El campo de aplicación de los venenos de serpiente en la investigación biológica está creciendo constantemente, sobre todo en la exploración del sistema nervioso y de sus funciones.

Por esta razón, las serpientes venenosas no solamente deberían ser consideradas como animales peligrosos y nocivos, sino que también habría que tener presente su eficacia en el campo médico.

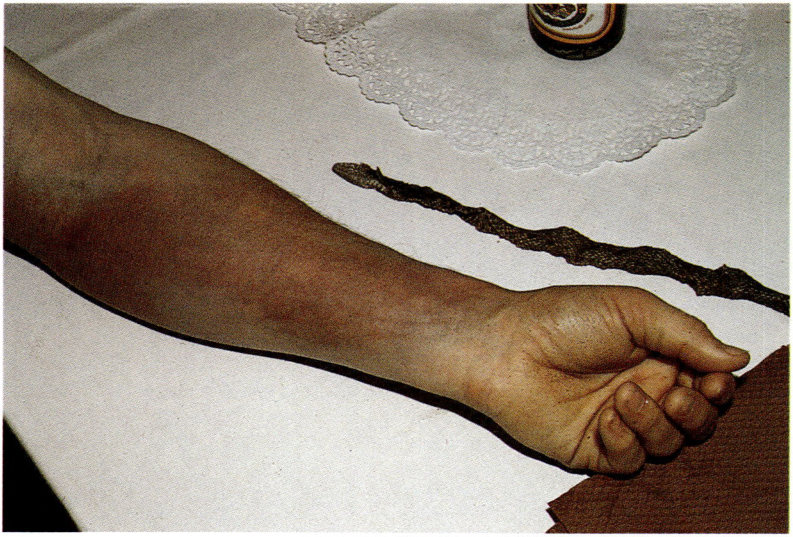

Brazo tumefacto y enrojecido después de una mordedura de Víbora europea.

¿Qué hacer en caso de mordedura de serpiente venenosa?

Cuando una persona es mordida por una serpiente venenosa debe actuar con rapidez y prudencia. Es necesario concentrarse en tres objetivos principales:

extraer la máxima cantidad posible de veneno de la herida
retrasar la expansión del veneno por el cuerpo
neutralizar el veneno que ha quedado en el cuerpo.

Los dos primeros puntos incluyen las medidas de primeros auxilios, el tercer punto debe ser realizado por el médico.

En primer lugar hay que comprobar si la mordedura realmente ha sido producida por una serpiente venenosa.

Como signo más seguro sirve en este caso la marca de la mordedura.

Las serpientes no venenosas dejan una señal en forma semicircular en la piel, que corresponde a la dentadura del maxilar. En el caso de las serpientes venenosas, solamente se observan uno o dos puntos de incisión correspondientes a sus dientes venenosos.

El Instituto Suizo de Medicina Tropical de Basilea ha publicado, en colaboración con diversos especialistas, una hoja informativa sobre los **primeros auxilios después de la mordedura de una serpiente venenosa** que a continuación se presenta:

1. Conservar la calma, no dejar que cunda el pánico. Tranquilizar al paciente y a ser posible colocarlo o estirarlo a la sombra.
¡Los estados de shock y miedo a veces son más peligrosos que el envenenamiento en sí!

2. Comprimir la zona de la mordedura, impidiendo el paso de la sangre hacia el corazón, lo más rápidamente posible. Para ello se pueden utilizar vendas elásticas, pañuelos retorcidos, prendas, tirantes o cinturones; la compresión no debe consistir en un estrangulamiento completo, sino que hay que dejar palpable el pulso –el miembro comprimido debe volverse azul, pero no blanco.
La compresión debe impedir la distribución demasiado rápida del veneno en el cuerpo de la víctima.

3. Desinfectar la zona de la mordedura con yodo o preparados similares. Ello dificulta que se produzca una infección de la herida y además sirve para eliminar los restos de veneno que han quedado en la piel.

4. Inmovilizar el miembro afectado mediante una férula o un cabestrillo hecho con un trozo de tela, para impedir una mayor irrigación por movimientos innecesarios.

5. Transportar al herido lo más rápidamente posible al médico u hospital más próximo.
El paciente deberá evitar cualquier esfuerzo (hay que llevarlo a cuestas o en coche), o caminar lentamente hasta el medio de transporte más próximo. ¡Nunca debe caminar rápidamente!
De camino al médico, la compresión deberá ser suspendida cada 15 minutos durante aproximadamente 2 minutos, ya que en caso de compresión incorrecta durante más de una hora y media existe el peligro de pérdida de la extremidad lesionada.

6. Información rápida y exacta para el médico:
- lugar y hora del accidente,
- descripción lo más exacta posible de la serpiente (tamaño, coloración, dibujo),
- comunicación de las medidas adoptadas como primeros auxilios,
- indicar si en ocasiones anteriores ya se le realizaron tratamientos con suero,
- ¿existe una propensión a las alergias?

La mayoría de las medidas no mencionadas aquí como primeros auxilios en caso de mordedura por serpiente son más perjudiciales que útiles. Así, la práctica de una incisión para chupar la sangre o quemar la herida, el enfriamiento con hielo y la utilización de permanganato potásico son muy dudosas con respecto a su eficacia y en ocasiones incluso pueden dificultar el tratamiento médico.
¡En ningún caso el paciente deberá ingerir alcohol!
Recientemente se ha comentado en Basilea, Suiza, la aparición de un denominado "dispositivo de disparo" para abrir y chupar la herida, pero los resultados concretos de este aparato médico de primeros auxilios aún deben esperarse.

El posterior tratamiento del paciente con suero, la administración de medicamentos concomitantes para la estimulación cardiocirculatoria o para combatir las infecciones, y la curación de la herida son tareas del médico.
Éste administrará el suero en la cantidad prescrita por vía intramuscular o intravenosa.
El médico decidirá sobre la aplicación de las medidas médicas necesarias y controlará el tratamiento.
Si se cumple todo esto de forma correcta, en general la mordedura por serpiente venenosa se resolverá sin grandes complicaciones y sólo en casos muy aislados será mortal.

Institutos para la obtención de suero de serpiente

Alemania
Behringwerke AG, Marburgo/Lahn

Argelia
Institut Pasteur d'Algèrie, Rue Docteur Laveran, Argel

Austria
Serotherapeutisches Institut, Triester Str. 50, A-1100 Viena

Egipto
Al Algousa Sharea, Alvezara, El Cairo

España
Laboratorio de Toxicología, Instituto Nacional de Toxicología, Apartado de Correos 2408, Bruch 100-2. Tel. 258 51 13 - Barcelona
Instituto Nacional de Toxicología, Ministerio de Justicia, Farmacia, 9. Tel. 221 93 27 - Madrid

Francia
Institut Pasteur, 36 Rue du Docteur Roux, París 15

Gran Bretaña
L. Light & Co., Poyle Estate Colnbrook, Bucks

Israel
Ministry of Health, Department of Laboratories, P.O. Box 6115, Jerusalén 91060

Italia
Instituto Sieroterapico e Vaccinogeno, 1 Via Fiorentina, Siena

Marruecos
Institut Pasteur, Place Charle Nicolle, Casablanca

Rusia
Taskind Institute, Ministry of Health, Moscú

Suiza
Schweizerisches Serum-und Impfinstitut, Rehagstr, 79, Berna

Túnez
Institut Pasteur, 13 Place Pasteur, Túnez

Yugoslavia
Institute of Immunology, Rockefellerova 2, Zagreb

¿Dónde viven las serpientes?

Las serpientes habitan en gran cantidad de biotopos distintos y se han adaptado excelentemente a las condiciones de vida de sus hábitats.
La mayoría de especies de serpientes que se presentan en las regiones descritas en este libro son terrestres. Su hábitat, sin embargo, debe estar constituido de forma que se cumplan satisfactoriamente sus requisitos de lugares soleados, zonas con sombra, mantos protectores de plantas y posibilidades de refugio.
Esto significa que el hábitat de las serpientes puede presentar las estructuras más diversas:
Arbustos, lugares despejados, troncos de árboles, montones o murallas de piedra y tal vez orificios en el suelo que ofrezcan protección.

Algunas especies, como por ejemplo las boas del desierto *(Eryx* sp.), las culebras vermiformes *(Thyphlops* sp.) o las culebras enanas *(Eirenis* sp.) viven incluso bajo tierra y han desarrollado parcialmente una forma de vida excavadora.

Otras especies, en cambio, prefieren la proximidad del agua y les gusta nadar. Entre ellas se encuentran la Culebra de collar *(Natrix natrix),* la Culebra teselada *(Natrix tessellata)* y la Culebra viperina *(Natrix maura).*

Una serie de especies se han adaptado a una forma de vida trepadora a arbustos y árboles bajos, como, por ejemplo, las especies del género *Elaphe* y las víboras.
Para estas especies, el hábitat más adecuado son los bosques frondosos con arbustos y suelo rocoso.

Finalmente, un hábitat que ofrece condiciones de vida extremas es el desierto. En él muchas especies de serpientes se han adaptado a las condiciones de sequedad y calor, a veces mediante mecanismos muy especiales y asombrosos:
Las especies de *Psammophis* son muy rápidas y parecen volar sobre la caliente arena del desierto.
Las serpientes con movimiento lateral como la Víbora cornuda de África del Norte *(Cerastes cerastes)* se mueven como "saltando" por encima de la arena.
La Víbora colinegra *(Cerastes vipera)* se entierra en la arena hasta que sólo sobresalen sus ojos por encima de la superficie.
La *Eryx colubrinus* (una boa del desierto) casi sólo se mueve bajo la tierra.
Las Garibas *(Echis carinatus)* evitan la pérdida de agua a través del aire respiratorio que se utiliza al silbar, produciendo sonidos mediante el frotamiento de las escamas laterales.
Pero, sobre todo, los habitantes de las zonas desérticas no cubiertas deben ser activos durante la noche a fin de no ser apresados por sus enemigos.

Muchas serpientes buscan su hábitat en las proximidades del hombre, que con el paisaje formado bajo su control les proporciona las necesarias zonas de rica estructura. Así por ejemplo, los estercoleros son lugares de puesta de los huevos muy frecuentados por la Culebra de collar *(Natrix natrix),* que incluso esconde en ellos los huevos en grandes puestas comunitarias. Las serpientes ciegas, las culebras, las culebras enanas, las serpientes gato y muchas especies de víboras utilizan preferentemente las posibilidades de escondite de los muros de piedra, arbustos y rocas de los márgenes de los campos o de las zonas con ruinas. De esta forma el hombre crea las condiciones de vida ideales para este grupo de animal al que generalmente trata de evitar.

¡Las serpientes también tienen enemigos!

Las serpientes, tanto las no venenosas como las venenosas, poseen un considerable número de enemigos:
Las **aves rapaces,** las **grandes aves zancudas** y **diferentes mamíferos** las persiguen. Todo el mundo sabe que la cigüeña come serpientes. El erizo vence incluso a las víboras europeas y las devora. Las martas, comadrejas y turones también cazan y devoran a las serpientes.

Entre los enemigos más peligrosos también se encuentran los **parásitos:** muchas serpientes que viven libres en la naturaleza están plagadas de gusanos, amebas, ácaros y chinches. Para los cuidadores de serpientes es una experiencia dolorosa cuando sus ejemplares son atacadas por enfermedades parasitarias que rápidamente las matan.

El peor enemigo de las serpientes es, sin embargo, ¡el **hombre**! Por prejuicio, superstición e ignorancia, muchos de estos bellos reptiles son matados a palos. Sobre todo en los países mediterráneos, son en gran número víctimas del hombre, debido a persecuciones activas y también por ser atropelladas por los automóviles.
La mayor amenaza, no obstante, la constituye la destrucción de los hábitats y con ello la eliminación de su base alimentaria. Los paisajes naturales están desapareciendo en alarmante medida. Los hábitats de muchas especies de serpientes están cambiando por la intromisión de la civilización en su medio ambiente, de tal forma que su número está reduciéndose notablemente, y en muchos lugares existe amenaza de extinción.

Así, con el ejemplo de las serpientes, también queda patente la urgencia de una utilización cuidadosa y respetuosa de los espacios naturales de la Tierra junto con su conservación y cuidado.

Medidas de protección

La drástica reducción de los efectivos de la mayoría de especies de serpientes ha provocado que estos grupos de reptiles también hayan sido incluidos en la lista de las especies animales que deben ser protegidas.
A pesar de que el gran esfuerzo internacional de protección de las especies, el Acuerdo sobre Protección de las Especies de Washington, sólo incluye a unas pocas especies de serpientes del área descrita en este libro, mientras que la Legislación para la Protección de las Especies contenida en las leyes de la Comunidad Europea –por muy crítico que se puede ser con esta legislación– tiene en cuenta en gran medida a las serpientes.

Así, hoy en día todas las serpientes europeas están protegidas por la ley y sólo pueden ser extraídas de la naturaleza con permisos especiales o ser mantenidas en terrarios.

Por lo tanto, el derecho a la protección incluye hoy en día a todas las especies de serpientes europeas, incluso a las especies venenosas como son la Víbora europea *(Vipera berus)*, la Víbora áspid *(Vipera aspis)* o la Víbora de cuerno *(Vipera ammodytes)*. Sin embargo, estas leyes sólo pueden ser eficaces si son cumplidas. Además, la legislación para la protección de las especies únicamente puede gestionar medidas de protección más amplias, sobre todo para los espacios vitales. Sin embargo, ¡la ley no puede evitar la extinción de una especie!

Sólo cuando los hombres dejen de reducir y destruir constantemente los hábitats de las serpientes y cuando –reconociendo la belleza de estos animales– reconozcan y respeten el derecho a la existencia de estos elegantes animales escamosos, ¡cesará la dramática disminución del número de serpientes!

Es un deseo de todo amigo de las serpientes que un día la gran mayoría de nuestros semejantes no mate una serpiente cuando se encuentre con ella o la atropelle, sino que la observe con interés y la trate con cuidado. En tal comportamiento se observaría el respeto hacia las criaturas de la naturaleza y quizás con ello se iniciaría un uso más comprensivo de los espacios vitales.

Actualmente están vigentes en Europa las siguientes leyes para la protección de las especies animales salvajes, incluyendo así a las especies de serpientes:

▲ Ley para el acuerdo del 3 de marzo de 1973 sobre el tráfico internacional de especies de animales que viven en libertad y plantas en peligro de extinción (Acuerdo sobre la Protección de las Especies de Washington).

▲ Ley n.º 3626/82 del 3 de diciembre de 1982 para la utilización del acuerdo sobre tráfico internacional de especies de animales salvajes y plantas en peligro de extinción de la Comunidad Europea (con anexos).

Serpientes bajo el cuidado humano

Las serpientes no son animales de compañía ¡pero son muy interesantes de observar! Un terrario amplio con una buena calefacción, suficiente humedad, una buena instalación de plantas y troncos para trepar, una fuente de agua para bañarse y beber y una correcta alimentación es imprescindible para un cuidado adecuado de estos animales.

Aparte de los escasos herpetólogos que se ocupan del cuidado de los reptiles, existe un creciente número de amantes de los reptiles que instalan sus terrarios con mucho amor y enriquecen su vida con la observación de estos extraños e interesantes animales. El cuidado de las serpientes ocupa para ellos un lugar muy especial; huelga decir que el cuidado y la responsabilidad frente a los animales son indispensables.
Una vez cumplidos los requisitos de instalación y cuidados, toda serpiente sana se acostumbrará al ambiente humano.

Mediante una observación paciente y relajada, los amigos de las serpientes pronto se familiarizarán con sus animales. Con buenos cuidados y un trato tranquilo y reflexivo, muchas serpientes pierden con el cuidado de los humanos su inicial agresividad o miedo. Las formas de comportamiento heredadas y adquiridas de este grupo animal son tan fiables, que un experto podrá calcular con gran seguridad la reacción de los animales a su cuidado.
El mantenimiento de serpientes en terrarios es muy instructivo y proporciona muchos placeres. Como principiante, sin embargo, es mejor consultar primero a un especialista antes de dedicarse a estos interesantes animales.

Existen **asociaciones de amigos de los terrarios,** como por ejemplo:
Associació Catalana d'Ictiologia i Herpetologia.
Ap. de Correos 27405. Barcelona 08080. Tel. 93-352 02 07

La sistemática de las serpientes

La sistemática de las serpientes representada a continuación únicamente se especifica hasta el nivel de familia o subfamilia.

Las serpientes ciegas y serpientes gusano se pueden reconocer, en general, por su cuerpo pequeño "en forma de gusano".

Los boidos tienen como característica común un tamaño a veces muy grande, y restos del esqueleto pélvico en la parte posterior del cuerpo.

Los restantes grupos de serpientes de: culebras, boiginos, víboras y crotalinos se distinguen entre sí por la estructura de los dientes (dientes lisos, dientes venenosos posteriores con surcos, dientes venenosos anteriores con surcos y dientes venenosos anteriores tubulares con aparato venenoso). La forma externa y estructura de la cabeza no son características de determinación fiables. Así, por ejemplo, los elápidos se parecen mucho por su forma craneal a los colubrinos, aunque muchas víboras pueden reconocerse por su cabeza claramente diferenciada del tronco.

Para una información sistemática y taxonómica más detallada deberá consultarse la bibliografía específica sobre serpientes que presentamos en este libro.

Suborden serpientes (Serpentes)

Familia serpientes ciegas (Typhlopidae)
p.ej. Culebra vermiforme *(Typhlops vermicularis)*
Familia serpientes gusano (Leptotyphlopidae)
p.ej. *Leptotyphlops macrorhynchus*
Familia anomalépidos (Anomalepidae)
Familia ilísidos (Aniliidae)
Familia serpientes de cola de escudo (Uropeltidae)
Familia xenopéltidos (Xenopeltidae)
Familia serpientes acuáticas orientales (Acrochordidae)
Familia boidos (Boidae)
Subfamilia loxoceminos (Loxoceminae)
Subfamilia pitones (Pythoninae)
Subfamilia boinos (Boinae)
Subfamilia bolierinos (Bolyeriinae)
Subfamilia ericinos (Erycinae)
p.ej. Boa jabalina *(Eryx jaculus)*
Familia culebras (Colubridae)
Subfamilia xenoderminos (Xenoderminae)
Subfamilia sibinofinos (Sibynophinae)
Subfamilia serpientes de hocico de cerdo (Xenodontinae)
Subfamilia natricinos (Natricinae)
p.ej. Culebra de collar *(Natrix natrix)*
Subfamilia colubrinos (Colubrinae)
p.ej. Culebra de Esculapio *(Elaphe longissima)*
Subfamilia calamarinos (Calamarinae)
Subfamilia serpientes lobo (Lycodontinae)
Subfamilia dipsadinos (Dipsadinae)
Subfamilia serpientes comedoras de babosas (Pareinae)
Subfamilia serpientes oófagas (Dasypeltinae)
Subfamilia elaquistodontinos (Elachistodontinae)
Subfamilia aparalactinos (Aparallactinae) (*Micrelaps muelleri*)
Subfamilia homalopsinos (Homalopsinae)
Subfamilia boiginos (Boiginae)
p.ej. Culebra bastarda *(Malpolon monspessulanus)*
Familia elápidos (Elapidae)
p.ej. Áspid de Cleopatra *(Naja haje)*
Familia serpientes marinas (Hydrophiidae)
Subfamilia serpientes marinas de cola ancha (Laticaudinae)
Subfamilia hidrofinos (Hydrophiinae)
Familia vipéridos (Viperidae)
Subfamilia víboras (Viperinae)
p.ej. Víbora europea *(Vipera berus)*
Subfamilia crotalinos (Crotalinae)
p.ej. Mocasín asiático *(Agkistrodon halys)*

Claves de determinación

En la presente obra, las claves de determinación únicamente llegan hasta el nivel de familia o hasta el género. Éstas, junto con las descripciones de las distintas especies y listas de especies de los países, son suficiente para los fines de una guía de campo. Las características utilizadas para la determinación han sido escogidas siempre de forma que también el aficionado pueda practicar la determinación sin tener que recurrir a complicadas ayudas científicas. La selección de los grupos de características ha sido realizada, aparte de la inclusión de las relaciones sistemáticas (de parentesco), sobre todo en base a una más fácil determinación. En algunos géneros difícilmente descriptibles con la clave se ha intentado llegar a una definición satisfactoria a través de una combinación de características y la mención de las excepciones.

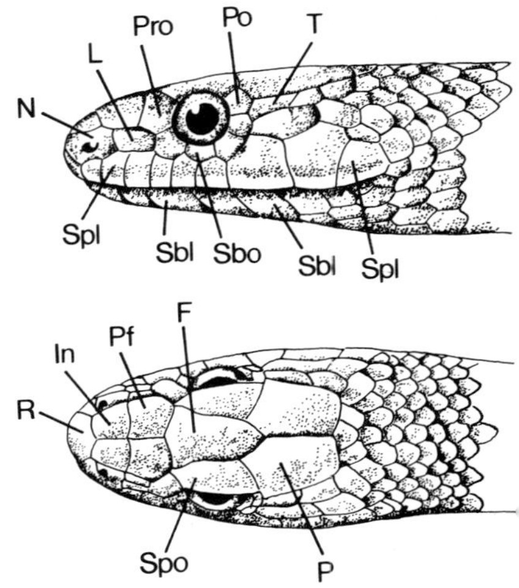

Escamas cefálicas de las serpientes:
Arriba: *N* nasal; *L* loreal; *Pro* preocular; *Po* postocular; *T* temporal; *Spl* supralabial; *Sbl* sublabial; *Sbo* subocular.

Abajo: *R* rostral; *In* internasal; *Pf* prefrontal; *F* frontal; *Spo* supraocular; *P* parietal.

Clave de determinación para las familias

1a Cuerpo con forma de gusano, muy pequeño y delgado, cubierto todo él con escamas uniformes, lisas y brillantes; 3-4 escamas directamente delante del ano; ojo minúsculo y atrofiado, situado debajo de una escama craneal transparente; boca muy pequeña; el maxilar superior o inferior sin dientes **2**

1b Escamas dorsales y de los flancos más pequeñas que las escamas ventrales, más grandes lateralmente; 1 o como máximo 2 escamas directamente delante del ano; ojo bien desarrollado, cubierto por una escama transparente parecida al cristal de unas gafas; maxilar superior e inferior con dientes **3**

2a Las escamas oculares (ocularia) no están en contacto directo con el surco bucal, sino separadas de éste por pequeñas escamas; dientes sólo en maxilar superior; 20 o más hileras de escamas hacia la mitad del cuerpo; cola tan larga

como ancha o sólo un poco más larga que ancha ....
Serpientes ciegas (Typhlopidae), pág. 52

2b Las escamas oculares (ocularia) contactan directamente con el surco bucal; dientes sólo en maxilar inferior; 14 hileras de escamas hacia la mitad del cuerpo; cola como mínimo tres veces más larga que ancha ....
Serpientes gusano (Leptotyphlopidae), pág. 52

3a Escamas ventrales de sólo un tercio de la anchura del cuerpo; escamas supraoculares (supraocularia) en número de 2 o más; cola corta, gruesa y redondeada; muchas especies son muy grandes (en las áreas geográficas tratadas en este libro, sin embargo, sólo presentan formas pequeñas) ....
Boidos (Boidae), pág. 59

3b Escamas ventrales tan anchas o casi tan anchas como el cuerpo; escamas supraoculares grandes e indivisas (con excepción de algunas pocas especies de víboras); cola más larga y delgada, terminada en punta **4**

4a Sin dientes venenosos grandes en el maxilar superior anterior (pero a veces dientes venenosos grandes en la parte posterior del maxilar superior, generalmente debajo del ojo: Boiginae y Aparallactinae, págs. 149, 165); generalmente presenta una escama loreal bastante grande ....
Culebras (Colubridae), pág. 65

4b Uno o más pares de dientes venenosos grandes en la parte delantera del maxilar superior; en general no presentan escama loreal grande **5**

5a Dientes venenosos de tamaño medio fuertemente anclados en la parte anterior del maxilar superior, que no pueden ser plegados hacia atrás en un repliegue de la membrana mucosa; la parte superior del cráneo está cubierta con escamas grandes, frecuentemente presentes en pares; sin escama loreal .... **Elápidos** (Elapidae), pág. 166

5b Dientes venenosos muy grandes en la parte delantera del maxilar superior sobre un hueso móvil, en reposo están plegados hacia atrás en un repliegue de la membrana mucosa; parte superior del cráneo cubierta con muchas hileras de escamas pequeña e irregulares ....
Vipéridos (Viperidae), pág. 171

Claves de determinación para los géneros

Familia serpientes ciegas (Typhlopidae)

En el área geográfica aquí tratada sólo 1 género: *Typhlops*

Familia serpientes gusano (Leptotyphlopidae)

En el área aquí tratada sólo 1 género: *Leptotyphlops*

Familia boidos (Boidae)

En el área geográfica aquí tratada sólo 1 género: **Boas del desierto** *(Eryx)*

Familia culebras (Colubridae)

1a Todos los dientes del maxilar superior iguales, sin dientes alargados en la parte posterior del maxilar superior; cráneo generalmente alargado, redondeado .... **Colubrinos y natricinos** (subfamilias Colubrinae y Natricinae)

1b Dientes alargados, generalmente con surco, en la parte posterior del maxilar superior; la cabeza algunas veces queda bien definida con respecto al cuerpo .... **Boiginos y aparalactinos** (subfamilias Boiginae y Aparallactinae)

Culebrinos y natricinos (subfamilias Colubrinae y Natricinae)

1a Serpientes delgadas y pequeñas; las adultas generalmente no superan los 30-40 cm (rara vez 50 cm); 14-17 hileras de escamas dorsales hacia la mitad del cuerpo (sólo *Lytorhynchus* tiene 19 hileras de escamas dorsales) **2**

1b Serpientes más grandes, algunas bastante grandes, las adultas en general superan los 50 cm; 19-33 hileras de escamas dorsales hacia la mitad del cuerpo (sólo ocasionalmente, p.ej., en *Coluber rogersi* o *Natrix megalocephala,* 18 hileras de escamas dorsales) **4**

2a Ojo pequeño; 15-17 hileras de escamas hacia la mitad del cuerpo; el cráneo generalmente está claramente dibujado, y en la mayoría de los casos presenta bandas transversales **Culebras enanas** *(Eirenis)*

2b Ojo grande; 14-15 o 19 hileras de escamas dorsales hacia la mitad del cuerpo; escama rostral muy desarrollada .. **3**

3a Hocico abultado, gracias a una escama rostral agrandada, quedando la boca por debajo; 19 hileras de escamas dorsales hacia la mitad del cuerpo ... *Lytorhynchus,* pág. 131

3b Escama rostral pronunciada y situada por encima del hocico; sin embargo, el morro no está abultado; 14-15 hileras de escamas dorsales .... *Rhynchocalamus,* pág. 146

4a Escamas corporales carenadas (sólo en la culebra de cabeza grande, *Natrix megalocephala,* son lisas) **5**

4b Escamas corporales lisas (sólo en **Culebra viperina oriental** *(Coluber nummifer), Coluber ravergieri* y *Elaphe quatuorlineata* ligeramente carenadas); como máximo 10 escamas supralabiales) **6**

5a Escamas corporales claras y patentemente carenadas (a excepción de *Natrix megalocephala*); 18-23 hileras de escamas dorsales hacia la mitad del cuerpo; 6-9 escamas supralabiales; no tiene escamas suboculares; coloración básica con una gama de tonos grises (gris azulado, gris aceituna, gris verdoso), a veces completamente negra .... *Natrix,* pág. 132

5b Escamas corporales carenadas, a veces sólo ligeramente; 25-33 hileras de escamas dorsales hacia la mitad del cuerpo; 10-13 escamas supralabiales; escamas suboculares; dibujo del dorso con manchas pardo rojizas .... *Spalerosophis,* pág. 147

6a Pequeña, generalmente mide menos de 60 cm (sólo rara vez es más grande); mancha oscura en forma de U en la nuca,

abierta hacia adelante o hacia atrás ....
Coronella, pág. 99

6b Serpientes más grandes, frecuentemente bastante grandes; carece de mancha oscura en forma de U en la nuca **7**

7a Serpientes generalmente bastante grandes, de aspecto robusto; los adultos generalmente miden alrededor de 100 cm o más (únicamente *Elaphe hohenackeri* y *E. situla* son más pequeñas, de 60-90 cm); 23-25 hileras de escamas dorsales hacia la mitad del cuerpo; el borde inferior del ojo toca directamente con las escamas supralabiales (en *Elaphe dione* y *E. quatuorlineata* existe una escama subocular en el borde anterior del ojo); una gran escama preocular ..
Elaphe, pág. 117

7b Serpientes de tamaño mediano, generalmente delgadas (*Coluber jugularis* sin embargo puede superar los 200 cm; *C. elegantissimus* y *C. rhodorachis* son pequeñas, aproximadamente de 50-80 cm); en general 17-19 hileras de escamas dorsales hacia la mitad del cuerpo (sin embargo, en *Coluber algirus, C. florulentus,* **C. viperina oriental** (*C. nummifer*) y *C. ravergieri* 21-25 hileras de escamas dorsales; en *C. hippocrepis* incluso 25-29 hileras de escamas dorsales; esta especie tiene una serie de escamas suboculares, entre el ojo y las escamas supralabiales); 1 (rara vez 2) escamas suboculares en el borde anterior del ojo ....
Coluber, pág. 66

Boiginos y aparalactinos (subfamilias Boiginae y Aparallactinae)

1a Serpientes de tamaño mediano a grande; ojos grandes con pupila redonda; 17-19 hileras de escamas dorsales hacia la mitad del cuerpo **2**

1b Serpientes generalmente pequeñas (sólo en *Telescopus* se dan ejemplares que miden hasta 100 cm); ojo pequeño, con pupila ovalada o vertical **3**

2a Tamaño mediano a grande con aspecto robusto (hasta 200 cm); la cabeza está poco definida; escamas supraoculares con un claro reborde sobre el ojo ....
Malpolon, pág. 151

2b Tamaño medio (hasta 150 cm) y muy delgadas; cabeza larga y delgada, bien separada del cuerpo; rayas longitudinales claras y oscuras en el dorso ....
Culebras de bucerring (*Psammophis*), pág. 156

3a Serpientes muy pequeñas (35-50 cm); ojo pequeño, con pupila redonda-ovalada; 15 hileras de escamas dorsales hacia la mitad del cuerpo; no tiene escama loreal; dibujo de anillos negros y blancos ....
Micrelaps, pág. 165

3b Serpientes algo más grandes (40-100 cm); 17-25 hileras de escamas dorsales hacia la mitad del cuerpo; escama loreal **4**

4a Pequeñas, generalmente miden 40-50 cm; cabeza poco definida; ojo pequeño, en un lugar relativamente adelantado de la cabeza, con pupila vertical-elíptica; escama parietal que generalmente toca con la sexta escama supralabial, que es muy grande; "mancha en capucha" oscura en la nuca. **Culebra de cogulla** *(Macroprotodon)*, pág. 149

4b Algo más grande, los adultos miden de 60-100 cm; cabeza plana, bien definida; ojos con pupilas verticales. .... *Telescopus*, pág. 160

Familia elápidos (Elapidae)

1a Serpientes grandes, miden de 150 hasta más de 200 cm; pueden erizar un escudo nucal; escamas corporales lisas; 19-21 hileras de escamas dorsales hacia la mitad del cuerpo; una hilera de escamas suboculares entre el borde inferior del ojo y las escamas supralabiales; escama anal indivisa. **Cobras** *(Naja)*, pág. 167

1b Serpientes de tamaño medio; 90-120 cm; no tienen capacidad para desarrollar un escudo nucal; las escamas de la mitad anterior del cuerpo y de la cola son carenadas, en la mitad posterior del cuerpo son lisas; 23 hileras de escamas dorsales hacia la mitad del cuerpo (rara vez 21); 1 escama subocular entre las escamas postoculares y las supralabiales en el borde posterior inferior del ojo; escama anal dividida en dos; viven preferentemente bajo tierra ...... **Cobra del desierto** *(Walterinnesia)*, pág. 168

Familia vipéridos (Viperidae)

1a Sin fosita sensorial entre el ojo y el orificio nasal .... **Víboras** (subfamilia Viperinae)

1b Con fosita sensorial patente (fosita loreal) entre el ojo y el orificio nasal .... **Crotalinos** (subfamilia Crotalinae)

Subfamilia víboras (Viperinae)

1a Escamas laterales carenadas y aserradas **2**

1b Escamas laterales no carenadas (a veces con un ligero saliente en forma de nódulo en la punta de la escama) **3**

2a Escamas ventrales con un carenado lateral; escamas subcaudales divididas en dos; el cuerno sobre el ojo, cuando está presente formado por una sola escama .... *Cerastes*, pág. 173

2b Escamas ventrales sin carenado lateral; escamas subcaudales indivisas; nunca posee un cuerno en el ojo .... *Echis*, pág. 178

3a Posee un cuerno sobre el ojo formado por varias escamas; 13 escamas supralabiales; dibujo dorsal con manchas o bandas transversales oscuras, frecuentemente palidecidas ... *Pseudocerastes*, pág. 182

3b Nunca posee cuernos sobre los ojos, pero a veces un cuerno en el hocico o al menos el hocico levantado; 7-11 escamas supralabiales; generalmente una banda en zig-zag, en ondas o formada por manchas en el dorso .... *Vipera*, pág. 183

Natrix tessellata ▸

Descripción de las especies

Serpientes ciegas (Typhlopidae) y serpientes gusano (Leptotyphlopidae)

Las serpientes ciegas (Typhlopidae) y las serpientes gusano (Leptotyphlopidae) pertenecen a 2 familias diferentes, pero exteriormente se parecen mucho y tienen un parentesco relativamente estrecho:
Llevan una vida preferentemente subterránea y poseen ojos diminutos, con los cuales probablemente sólo pueden percibir las diferencias de luminosidad.
Generalmente son pequeñas (suelen medir menos de 30 cm, sólo en casos excepcionales pueden llegar a medir 50 cm y más) y en su morfología externa se asemejan mucho a la lombriz de tierra.
El cráneo es relativamente macizo y en forma de cápsula debido a la actividad excavadora. Se puede observar que se trata de serpientes bastante arcaicas, debido a sus escamas pequeñas y poco diferenciadas, que no presentan variaciones entre la parte superior e inferior del cuerpo (no existen las escamas ventrales agrandadas), y debido a los vestigios de los huesos del muslo y la pelvis en el esqueleto.

El área de distribución principal de las serpientes ciegas y de las serpientes gusano son los trópicos y los subtrópicos.

Typhlops simoni (BOETTGER, 1879)
Familia serpientes ciegas (Typhlopidae)
F Typhlops d'Israèl I Israelian Worm Snake A Israelische Wurmschlange

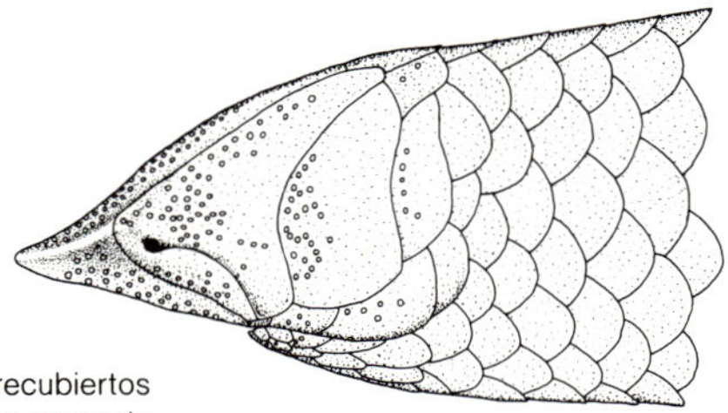

Typhlops simoni presenta los ojos recubiertos de escamas y un hocico de extremo aguzado y es predominantemente subterránea. Los orificios nasales a menudo se confunden con los ojos.

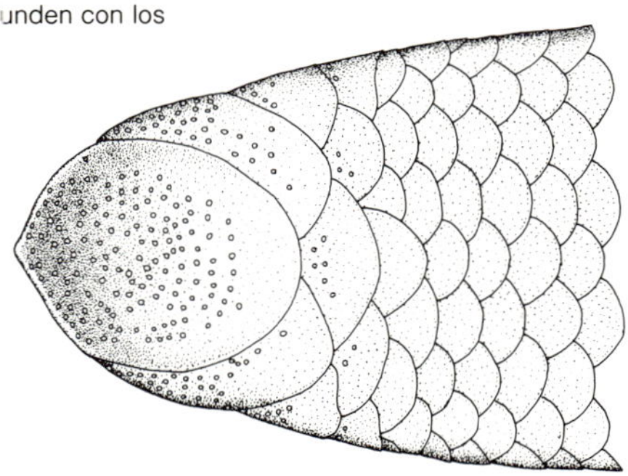

▲ *Características:* Longitud media 15-22 cm. Aspecto de gusano. La cola es un poco más larga que ancha (aprox. 4 mm), sin espina en la punta. Ojos diminutos, ocultos bajo una gran escama ocular. Hocico que sobresale hacia adelante y acaba en punta, que en la parte anterior forma un borde agudo. 20-22 hileras de escamas hacia la mitad del cuerpo. Escamas craneales pequeñas. Escama rostral muy grande. Surco en la escama nasal que va desde la primera escama supralabial hasta el orificio nasal. El orificio nasal se halla cerca de la escama rostral. Gran escama preocular, pero que es más pequeña que la escama nasal y toca con la 2.ª y 3.ª escamas supralabiales. La escama prefrontal y las escamas supraoculares son más grandes que las escamas corporales. Cuatro escamas supralabiales.
Color de carne claro a rosa pálido.

No venenosa, inofensiva.

▲ *Hábitat:* Tierra suelta y húmeda en wadis y muy cerca de poblaciones.

▲ *Biología:* Casi completamente desconocida. Vive subterráneamente en tierra suelta, en las raíces de arbustos y debajo de las piedras.

▲ *Alimentación:* Probablemente pequeños insectos como las hormigas, incluyendo sus huevos y larvas, y también gusanos pequeños.

▲ *Reproducción:* Ovípara.

▲ *Singularidades:* Serpiente pequeña, con forma de gusano, con ojos diminutos cubiertos por una escama. El hocico sobresale por delante y posee un agudo borde anterior. No posee espina en la punta de la cola. Forma de vida subterránea.

Distribución

Israel, Siria, Jordania.

Culebra vermiforme

Typhlops vermicularis (MERREM, 1820)

Familia serpientes ciegas (Typhlopidae)

F Typhlops vermiculaire It Serpente verme I Worm Snake

A Wurmschlange

▲ *Características:* Longitud media 18-30 cm. Aspecto vermiforme que recuerda a la lombriz de tierra. Cabeza redondeada, no dife-

La Culebra vermiforme *(Typhlops vermicularis)* recuerda por su aspecto similar al de un gusano a la lombriz, pero es en realidad una serpiente completamente inofensiva.

renciada del cuerpo, con diminutos y oscuros ojos puntiformes que se hallan en la parte superior de la cabeza.

Alrededor del cuerpo escamas pequeñas, redondeadas, lisas –en contraste con la mayoría de las demás especies de serpientes no posee escamas ventrales grandes. La cola termina en una escama con una espina en la punta.

Color de pardusco amarillento a rojizo carne, brillante. Vientre más claro, que deja transparentar los órganos internos, los huevos o los restos de comida.

No venenosa, inofensiva.

▲ *Hábitat:* En colinas y en valles más profundos. Laderas secas, con arbustos y piedras dispersas, cubiertas con una escasa vegetación de hierbajos.

▲ *Biología:* Vive en madrigueras subterráneas y puede encontrarse a menudo al levantar piedras planas. Rara vez, y sólo durante el crepúsculo o por la noche, sale a la superficie. Hiberna durante 2-6 meses, dependiendo de la altitud de su hábitat.

▲ *Alimentación:* Hormigas, incluyendo sus huevos y larvas, pequeños insectos y gusanos.

▲ *Reproducción:* Pone 4-6 huevos alargados.

▲ *Singularidades:* La espina de la punta de la cola sirve como ayuda a la locomoción, para apoyarse en el suelo. Forma similar a la lombriz de tierra.

Distribución

Sur de los Balcanes del sur de Yugoslavia, Albania, el sur de Bulgaria hasta Grecia; este de África del Norte (Egipto); Transcaucasia y sudoeste de Asia.

Leptotyphlops cairi (DUMERIL et BIBRON, 1844)
Familia serpientes gusanos (Leptotyphlopidae)
F Serpent aveugle du Cairo I Cairo Earthsnake A Ägyptische Schklankblindschlange

▲ *Características:* Longitud media 15-25 cm. Pequeña, forma de gusano. Cola corta (1,2-2,0 cm) con punta aguda (escama final). Hocico redondeado. Ojos diminutos, cubiertos por una gran escama ocular.

Escamas corporales lisas y alrededor del cuerpo, en general, regulares (sin escamas ventrales agrandadas). Catorce hileras de escamas hacia la mitad del cuerpo. Presenta una escama supraocular. La escama ocular llega hasta el surco bucal; se halla entre dos escamas supralabiales, de las cuales la anterior es muy pequeña (menos de 1/4 de la escama supralabial posterior).

Coloración de la parte superior rosa pálido o pardusco purpúreo claro. Vientre blanquecino.

No venenosa, inofensiva.

▲ *Hábitat:* Terrenos con vegeta-

Leptotyphlops cairi, que tiene el aspecto de un gusano, vive predominantemente bajo el suelo. Sólo rara vez se puede encontrar en la superficie.

ción, arbustos, piedras y algo de humedad del suelo. Frecuentemente en la proximidad de poblaciones, jardines, márgenes de los campos. Vive bajo tierra, en las raíces de arbustos, en tierra suelta y en madrigueras de pequeños mamíferos.

▲ *Biología:* Es poco conocida. Activa por la noche. Es más probable encontrarse a esta serpiente en los meses de primavera, en febrero, marzo y abril, durante la noche y cerca de la superficie del suelo o incluso en el suelo. Evita la luz directa del sol. Excava activamente. Le gusta el agua y nada bien.

▲ *Alimentación:* Pequeños insectos.

▲ *Reproducción:* Ovípara.

▲ *Singularidades:* Serpiente similar a un gusano, delgada como un lápiz. Sin embargo, se diferencia a primera vista de las lombrices de tierra por su lengua bífida, constantemente silbante. Ojos diminutos. Forma de vida nocturna y subterránea.

Distribución

En el área aquí descrita, Egipto; también en el Sudán, Etiopía, Somalia y Uganda.

Leptotyphlops macrorhynchus (JAN, 1861)
Familia serpientes gusano (Leptotyphlopidae)
F Serpent aveugle du bec crochu I Hookbilled Blindsnake
A Hakenschnabel-Schlankblindschlange

▲ *Características:* Longitud media 17-28 cm. Serpiente pequeña, con forma de gusano y cola corta. La cola sólo representa aproximadamente el 9-10 % de la longitud total. Cuerpo aplanado. Boca situada muy hacia abajo. Parte superior del hocico levantada, por lo que la parte anterior de la cabeza parece tener "forma de gancho".
Escamas corporales lisas y esencialmente de forma regular todo alrededor del cuerpo (no tiene escamas ventrales agrandadas). Catorce hileras de escamas hacia la mitad del cuerpo; 300-490 anillos de escamas desde la cabeza a la escama anal, 43-53 anillos de escamas en la cola. Escama rostral grande, cóncava en la parte inferior. Escama nasal grande, dividida en dos, con el diminuto orificio nasal situado en la parte inferior. Escama ocular notablemente agrandada, en el borde inferior situada entre dos escamas supralabiales, de las cuales la anterior es muy pequeña. Las tres escamas agrandadas (rostral, nasal y ocular) están en contacto directo con la hendidura bucal.
El cuerpo es de un color de pardusco rojizo a pardo amarillento.

Leptotyphlops macrorhynchus, con forma de gusano y muy esbelta, tiene el hocico torcido en forma de gancho.

No venosa, inofensiva.

▲ *Hábitat:* Llanuras con vegetación, piedras y con cierta humedad en el biotopo. Cerca de poblaciones, en oasis y en jardines abandonados.

▲ *Biología:* Casi desconocida. Actividad nocturna. Vive debajo de piedras, de arbustos o en las raíces de árboles y arbustos. Evita la luz del sol directa.

▲ *Alimentación:* Pequeños insectos, por ejemplo, hormigas y termitas.

▲ *Reproducción:* Ovípara.

▲ *Singularidades:* Serpiente con forma de gusano, muy esbelta. Diminutos ojos puntiformes ocultos bajo una escama ocular muy grande. Hocico con forma de gancho. Forma de vida subterránea.

Distribución

Oeste y norte de África hasta sudoeste de Asia y Pakistán; en el área aquí descrita, desde Marruecos pasando por todo el norte de África hacia el este llegando hasta Israel y el Líbano, Siria y el extremo sur de Turquía.
En esta región vive la forma *L. m. macrorhynchus.* Existe otra subespecie, *L. m. bilmaensis,* en Nigeria.

Existe otro tipo de serpiente gusano procedente del sur de Israel y sur de Jordania descrita como *Leptotyphlops phillipsi,* BARBOUR, 1914. Su aspecto externo, coloración, escamas y biología se asemejan mucho a los de *Leptotyphlops macrorhynchus.*
Recientemente, muchos zoólogos (por ejemplo D.E. HAHN, 1978) opinan que esta serpiente gusano únicamente puede ser considerada como una subespecie de *L. macrorhynchus.*

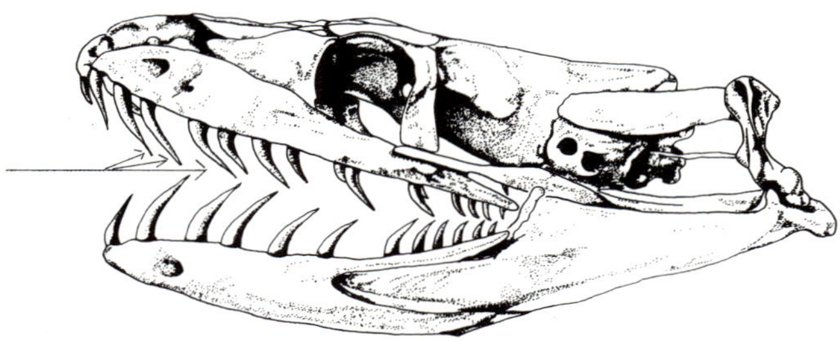

Cráneo de un boido, no venenoso con dientes lisos y regulares.

Los boidos también son un grupo de serpientes bastante primitivas, y aún poseen vestigios de las patas posteriores y huesos pélvicos en su esqueleto. A veces estos rudimentos se evidencian por los denominados "espolones anales" a ambos lados de la cloaca.

A este grupo de serpientes pertenecen las serpientes más grandes del mundo, pero no todos los géneros y especies alcanzan un tamaño muy grande. Muchas formas, como por ejemplo las boas del desierto europeas, incluso son francamente pequeñas y alcanzan un desarrollo máximo de 40-50 cm de longitud.

Las serpientes gigantes matan a sus presas por estrangulamiento. Han desarrollado una variada adaptación a una multitud de hábitats, que van desde la colonización de las copas de los árboles en la selva, pasando por la de aguas estancadas y pantanos, hasta una forma de vida subterránea.

El área principal de distribución de los boidos es los trópicos y subtrópicos.

Eryx colubrinus (LINNAEUS, 1758)
Familia boidos (Boidae)
Subfamilia ericinos (Erycinae)
F Boa des sables d'Egypte I Egyptian Sandboa A Ägyptische Sandboa

▲ *Características:* Longitud media 50-70 cm. Cuerpo robusto, corto. Cola corta y en "forma de nabo". Cabeza no definida. Ojos pequeños con pupila vertical.
Escamas corporales pequeñas, lisas o ligeramente carenadas, y brillantes; en la parte posterior del cuerpo el carenado es más pronunciado. 47-53 (rara vez 55) escamas dorsales hacia la mitad del cuerpo, escamas ventrales pequeñas. La parte superior de la cabeza está cubierta de escamas lisas, 2-3 hileras de escamas suboculares en el borde inferior del ojo y las escamas supralabiales, 12-14 escamas supralabiales.
Coloración básica amarillenta o amarillo grisácea. El dibujo del dorso y los flancos consiste en manchas de color pardo oscuro y anaranjado que en la mitad del dorso forman un dibujo en zigzag; entre las manchas se hallan puntitos verdosos. Bandas oscuras en las sienes que van del ojo a las comisuras bucales. Vientre de color gris amarillento o gris.
No venenosa, inofensiva.
▲ *Hábitat:* Estepas y regiones se-

Eryx colubrinus, con actividad predominantemente crepuscular y nocturna, habita en las regiones secas de las estepas y semidesiertos del África oriental, desde Egipto hasta el norte de Kenia y la Península Arábiga.

midesérticas secas con piedras y escasa vegetación de arbustos. Le gusta estar en las zonas limítrofes a poblaciones (como por ejemplo, oasis).
▲ *Biología:* Son terrestres. Activas durante el crepúsculo y la noche. Durante el día están debajo de las piedras, en las raíces de los arbustos y en las galerías de pequeños mamíferos. Excava en la arena y el suelo ligero.
▲ *Alimentación:* Pequeños mamíferos (ratones) y lagartos. Atrapa con extrema rapidez la presa y la mata mediante estrangulamiento con su cuerpo.
▲ *Reproducción:* Apareamiento en verano. Ovovivípara; en otoño suelen nacer hasta 15 crías. La primera muda de camisa se produce aproximadamente 8-10 días después del nacimiento; a continuación ingieren la primera comida (por ejemplo, pequeños ratones).
▲ *Singularidades:* Boa terrestre recia, de cola corta, con dibujo de manchas en zigzag en la mitad del cuerpo. Excavadora.

Distribución

En el área aquí descrita en Egipto; también en el Sudán pasando por Etiopía y Somalia hasta el norte de Kenia; Península Arábiga.

Boa jabalina

Eryx jaculus (LINNAEUS, 1758)
Familia boidos (Boidae)
Subfamilia ericinos (Erycinae)
F Boa des sables occidentale It Boa delle sabbie I Western Sandboa A Westliche Sandboa

▲ *Características:* Longitud media 40-60 cm, máximo 80 cm.
Cuerpo grueso, corto (es uno de los boidos más pequeños). Cola corta y redondeada, que parece como cortada. El perfil de la cabeza es cuneiforme, no definido, con una escama rostral muy desarrollada. Ojos pequeños con pupila vertical.
Las escamas dorsales son pequeñas, brillantes y lisas, en la parte posterior del cuerpo ligeramente carenadas. Las escamas ventrales son muy pequeñas. 40-50 escamas dorsales hacia la mitad del cuerpo. 1-2 hileras de pequeñas escamas suboculares entre el borde inferior del ojo y las escamas supralabiales. 10-14 escamas supralabiales.
Coloración básica amarillo fango, pardo amarillento a rojizo. Rayas oscuras que van del ojo hasta las comisuras bucales. Dorso con manchas y bandas transversales oscuras, que pueden confluir formando una red. En los flancos, manchas oscuras. La parte inferior es más clara, con manchas oscuras.

No venenosa, inofensiva.

▲ *Hábitat:* En las llanuras y terrenos montañosos, en valles fluviales secos. Terrenos secos con suelo ligero o arena y poca vegetación; en tierras áridas entre terrenos cultivados; bajo las piedras, en agujeros rocosos o en galerías de pequeños mamíferos.

▲ *Biología:* La Boa jabalina se encuentra frecuentemente bajo piedras planas o madera vieja. Está activa preferentemente durante el crepúsculo y la noche, momentos en los que se puede hallar en la superficie. Hiberna 3-5 meses.

La Boa jabalina *(Eryx jaculus)* es, con 40-60 cm de longitud media, una de los boidos más pequeños de la Tierra. Al igual que sus congéneres más grandes, abraza y estrangula sus presas antes de engullirlas.

▲ *Alimentación:* Pequeños roedores, lagartos, pájaros, caracoles.

▲ *Reproducción:* Apareamiento en abril-mayo. Ovovivípara. En agosto-septiembre nacen 3-12 crías.

▲ *Singularidades:* Terrestre pequeña y robusta. La cabeza cuneiforme con una escama rostral.

Distribución

Sur de la Península Balcánica; del sur de Yugoslavia y sur de Bulgaria, pasando por Turquía y Asia Menor, hasta el norte de África.

3 subespecies:

E. j. jaculus (norte de África hasta Israel y Siria),
E. j. familiaris (Transcaucasia y Asia Menor),
E. j. turcicus (Península Balcánica y Turquía).

Eryx miliaris (PALLAS, 1773)
Familia boidae (Boidae)
Subfamilia ericinos (Erycinae)
F Boa des sables orientale I Desert Sandboa A Wüsten-Sandboa

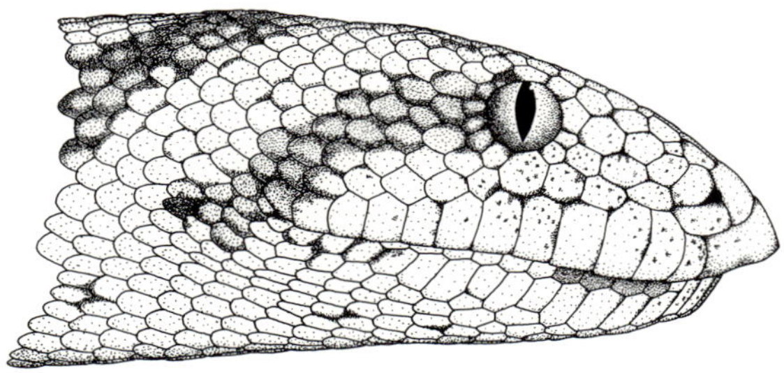

Eryx miliaris habita desde la orilla noroeste del Mar Caspio hasta Asia Central.

▲ *Características:* Longitud media 35-55 cm. Es la especie más pequeña de esta subfamilia. Ojos pequeños dirigidos hacia arriba (signo característico de la especie), pupilas verticales. La forma del cuerpo y de la cola y las escamas similares a las de la Boa jabalina. Coloración básica de amarillo arena claro a pardo oscuro. En la cabeza presenta bandas oscuras en las sienes que van desde los ojos hasta las comisuras bucales. El dibujo dorsal consiste en manchas oscuras que pueden confluir formando un dibujo en red laxa. En la parte derecha e izquierda de la cola una banda oscura. **No venenosa, inofensiva.**

▲ *Hábitat:* Desiertos y semidesiertos con pocos arbustos. Regiones desérticas puras, pero ocasionalmente también zonas con suelo rocoso.

▲ *Biología:* Con sus ojos dirigidos hacia arriba está especialmente bien adaptada para la vida en la arena del desierto. En caso de peligro se puede enterrar rapidísimamente en la arena. Prefiere las madrigueras de los roedores subterráneos. Activa durante el crepúsculo y la noche.

▲ *Alimentación:* Ratones, pequeños lagartos, insectos, pájaros jóvenes.

▲ *Reproducción:* Similar a la de la Boa jabalina.

▲ *Singularidades:* Es la especie más pequeña de las Boas del desierto. Los ojos están claramente orientados hacia arriba.

Distribución

Desde la orilla noroeste del Mar Caspio hasta Asia Central.

Culebras (Colubridae)

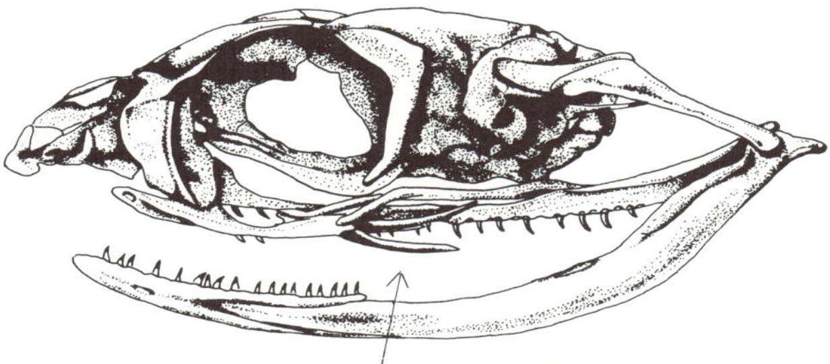

Cráneo de un boigino con dientes de surco posteriores, situados sobre un hueso móvil y dirigidos hacia atrás.

En esta familia se incluyen la mayor parte (unos 2/3) de todos los géneros –y especies– de serpientes, lo cual no siempre recibe la aprobación de los zoólogos modernos que trabajan en el campo de la sistemática, ya que, quizá, no se trate de una unidad natural.
Fundamentalmente, todas las culebras poseen un cuerpo esbelto, escamas grandes y distribuidas regularmente en la parte superior de la cabeza, y grandes escamas ventrales.
Los ojos de la mayoría de culebras presentan pupilas redondas (son excepciones p. ej., la Culebra de cogulla y la Serpiente gato).
La mayoría de las especies de culebras no son venenosas, pero en base a la dentadura se pueden distinguir un grupo inofensivo y un grupo venenoso:

1. Las culebras típicas (colubrinos o natricinos en la región aquí descrita), con dientes lisos y forma regular (dientes aglifos).
No venenosas e inofensivas.

◂ *Natrix natrix*

2. Los boiginos, con dientes alargados y con surco en el maxilar superior (dientes opistoglifos) que ya funcionan inoculando veneno.
El veneno de estas especies es generalmente débil y sirve para matar la presa –el hombre rara vez está en peligro. Los dientes venenosos, situados en la parte posterior, sólo pueden ser utilizados cuando la serpiente muerde y realiza movimientos masticadores con el maxilar.

Entre las culebras, con sus múltiples formas de desarrollo, existe una gran variedad de adaptaciones a las condiciones de vida más distintas:
Aparte de especies altamente especializadas, existen grupos muy flexibles que pueden colonizar una gran variedad de hábitats. Esta gran variabilidad probablemente sea la expresión de una progresiva capacidad de desarrollo de toda la familia de culebras.

Culebra argelina

Coluber algirus (JAN, 1863)
Familia culebras (Colubridae)
Subfamilia colubrinos (Colubrinae)
F Couleuvre algérien It Colubro maghrebino I Algerian Whip Snake
A Algerische Zornnatter

▲ *Características:* Lontigud hasta aproximadamente 100 cm, pero generalmente más cortas.
Serpiente esbelta, no demasiado grande. La estrecha cabeza está algo definida. Ojos grandes con pupila redonda.
Escamas corporales lisas. 25 hileras de escamas dorsales hacia la mitad del cuerpo (la mayoría del resto de culebras sólo poseen 19 hileras de escamas). Una (rara vez 2) escamas suboculares junto al borde anterior del ojo.
El dibujo dorsal consiste en barras oscuras transversales bien separadas. En los costados se encuentran 2 hileras de manchas redondas, que se alternan con las barras del dorso. La cabeza es oscura, con una mancha nucal oscura y redondeada hacia atrás. El vientre es gris claro.
Los animales jóvenes tienen una coloración más fuerte y un dibujo más llamativo que los adultos.
No venenosa.
▲ *Hábitat:* En terrenos llanos,

La Culebra argelina *(Coluber algirus)* del África nordoccidental es arisca y muy rápida –también al cazar sus presas.

secos y rocosos con arbustos espinosos; terrenos baldíos entre tierras cultivadas con arbustos, piedras y ruinas; jardines cubiertos de maleza.

▲ *Biología:* Acusado ritmo de actividad diurna: por la mañana, la serpiente toma un prolongado baño de sol, al mediodía se retira a un lugar sombreado, por la tarde y hasta el crepúsculo vuelve a ser activa y busca presas.

▲ *Alimentación:* Ratones, lagartos, pájaros jóvenes e insectos grandes.

▲ *Reproducción:* Ovípara.

▲ *Singularidades:* Es muy veloz y tímida. Es rapidísima cazando presas; 25 hileras de escamas dorsales hacia la mitad del cuerpo.

Distribución

Noroeste del norte de África, Isla de Malta (probablemente importada).
2 subespecies:
C. a. algirus (área de distribución oriental),
C. a. intermedius (área de distribución occidental)

Culebra del Caspio

Coluber (Hierophis) caspius (GMELIN, 1789)
Familia culebras (Colubridae)
Subfamilia colubrinos (Colubrinae)
F Serpent fouet du Caspe It Colubro azzannatore I Caspian Whip Snake A Kaspische Spring- oder Pfeilnatter

▲ *Características:* Longitud media 140-170 cm, pero también puede sobrepasar los 200 cm.
Es una de las serpientes más grandes de Europa. A pesar de su considerable tamaño, parece esbelta con su cola relativamente larga. La cabeza es pequeña y poco definida. Ojos grandes, con pupila redonda.
Escamas corporales lisas. Diecinueve (muy rara vez 17) hileras de escamas dorsales hacia la mitad del cuerpo. Una escama loreal, 2 escamas preoculares, siendo la superior considerablemente más grande que la escama inferior, 2 (a veces 3) escamas postoculares. Una escama subocular junto al borde anterior del ojo. En general 8 (rara vez 7 o 9) escamas supralabiales, tocando la cuarta y quinta con el borde inferior del ojo. La parte superior de la cabeza tiene escamas muy grandes.
Coloración de fondo gris, pardo grisácea a pardo olivácea. No presenta un acusado dibujo en el dorso. Las escamas corporales más oscuras presentan en la mitad un núcleo más claro, alargado, dándole al cuerpo la impresión de poseer finas líneas longitudinales. La cabeza a veces es de color rojizo a anaranjado (sudeste de la Península Balcánica). El vientre es de un solo color, amarillo o de amarillo aceituna a amarillo anaranjado. Los animales jóvenes presentan dibujos

acusados, con oscuras barras en el dorso y manchas oscuras en los costados, sobre fondo claro.

No venenosa, pero muerde cuando es apresada.

▲ *Hábitat:* Terrenos abiertos de tipo estepa, terrenos rocosos de montaña, pendientes con cantos rodados, espacios abiertos en bosques de árboles latifolios claros, viñedos, jardines cubiertos de maleza, ocasionalmente en la proximidad del agua.

▲ *Biología:* Es una serpiente terrestre con actividad diurna. Toma el sol prolongadamente por la mañana y por la tarde. Es huidiza. Produce un fuerte murmullo al escapar. Muerde ferozmente cuando está acorralada.

La Culebra del Caspio *(Coluber caspius)* es una de las serpientes más grandes de Europa. Esta serpiente fuerte, y de colorido uniforme, se escapa produciendo un característico ruido.

Las crías de la Culebra del Caspio *(Coluber caspius)* presentan un distintivo dibujo de manchas que se van perdiendo al crecer.

Cuando ataca es capaz de erguirse levantando la mitad de su cuerpo. Los cosacos cuentan que debido a este repentino alzamiento, es capaz de hacer desbocar los caballos.

Distribución

Península Balcánica, en el norte de Rumania y aisladamente en Hungría, Grecia y algunas islas del Egeo (pero no en Ática, el Peloponeso y Creta), Turquía, alrededores del Mar Negro y más hacia el este, llega hasta el Mar Caspio.

Hiberna según la región y altitud, durante 4-6 meses.
▲ *Alimentación:* Mamíferos pequeños (ratones, ratas, hámsters), pájaros, lagartos, serpientes pequeñas y sapos.
Los animales jóvenes comen pequeños lagartos e insectos grandes.
▲ *Reproducción:* Apareamiento inmediatamente después de la época de hibernación, en mayo. Ovípara. Deposita 6-12 huevos en agujeros en el suelo, en montones de hojas o debajo de las piedras. Las crías salen de los huevos en el mes de septiembre.
▲ *Singularidades:* Serpiente grande, de un solo color, que produce un fuerte ruido al huir. Con finas líneas longitudinales. Vientre de un solo color, de amarillo a anaranjado. Es agresiva y muerde cuando es apresada.

Culebra de Chipre
Coluber cypriensis (SCHÄTTI, 1985)
Familia culebras (Colubridae)
Subfamilia colubrinos (Colubrinae)
F Couleuvre de Cypre I Cyprus Whip Snake A Zypern-Schlanknatter

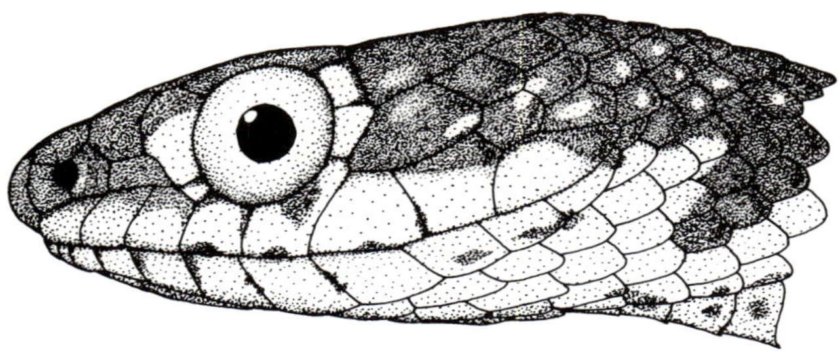

La Culebra de Chipre *(Coluber cypriensis)*, que se limita a la isla de Chipre, fue descrita como especie independiente hace sólo unos pocos años.

▲ *Características:* Longitud media 70-90 cm. Serpiente esbelta, elegante. Cabeza bien definida. Ojos grandes con pupila redonda.
Escamas corporales lisas. Sólo 17 hileras de escamas dorsales hacia la mitad del cuerpo. Una escama subocular en el borde anterior del ojo. Ocho escamas supralabiales, la cuarta y quinta en contacto con el ojo.
Coloración de fondo verde aceituna. La parte superior de la oscura cabeza con puntos y bandas poco definidos, algo más claros; los lados de la cabeza con manchas más claras. La mitad anterior del cuerpo presenta bandas transversales poco definidas en el dorso, que van desapareciendo

hacia la mitad del cuerpo. El tercio posterior del cuerpo y la cola son monocolores, gris aceituna. El vientre es de un color de amarillo pálido a crema. Las escamas ventrales de la parte anterior del cuerpo presentan manchas laterales, que hacia la parte posterior van fundiéndose formando una banda continua oscura.

No venenosa.

▲ *Hábitat:* Terrenos secos, rocosos, con arbustos y hierba. Le gusta la proximidad de los riachuelos.

▲ *Biología:* Hasta el momento se sabe poco acerca de la forma de vida de esta especie. Es una serpiente terrestre activa durante el día, que también trepa por los arbustos. Es muy rápida y arisca.

▲ *Alimentación:* Casi no existe información acerca de este tema en la bibliografía, pero probablemente lagartos pequeños, grandes insectos (saltamontes, grillos) y escolopendras.

▲ *Reproducción:* Ovípara.

▲ *Singularidades:* Fue reconocida y descrita en 1985 por BEAT SCHÄTTI como especie propia de Chipre –donde se encuentra junto con la Culebra de Dahl *(Coluber najadum).*

Distribución

Isla de Chipre, endémica (su presencia está geográficamente muy bien delimitada).

Coluber elegantissimus (GÜNTHER, 1878)
Familia culebras (Colubridae)
Subfamilia colubrinos (Colubrinae)
F Serpent fouet magnifique I Most Beautiful Whip Snake
A Pracht-Zornnatter

▲ *Características:* Longitud media 60-80 cm, rara vez es algo más larga. Cabeza poco definida. Ojos relativamente pequeños, con pupila redonda. Escamas corporales lisas. Diecinueve hileras de escamas corporales hacia la mitad del cuerpo. Una escama loreal aproximadamente cuadrada, 2 escamas preoculares, frecuentemente además 1 o 2 escamas suboculares entre éstas y las escamas supralabiales, 2 escamas postoculares, 8 escamas supralabiales, la quinta o la cuarta y quinta tocando con el borde inferior del ojo. Las escamas ventrales tienen un reborde débilmente desarrollado en los extremos laterales.

Coloración de fondo de blanco grisácea a aceituna clara. El dibujo del dorso consiste en 19-26 bandas transversales oscuras en forma de anillo (contando desde la nuca hasta el comienzo de la raíz de la cola) y con una banda longitudinal clara, generalmente de color naranja, en la mitad del dorso. Este "dibujo de anillos" se prolonga en la cola. Las bandas en anillos cubre 2 1/2 a 5 escamas, ocupando la región clara in-

termedia un ancho de 4 1/2 a 9 escamas. En la cabeza también se encuentran dos bandas transversales en forma de anillo, la anterior entre los ojos sobre la escama frontal y la posterior y más ancha sobre las escamas parietales. De-

Coluber elegantissimus lleva este nombre con razón, debido a su dibujo de anillos claro oscuros y a las líneas longitudinales rojizas de la mitad del dorso

Esta ampliación de la fotografía muestra claramente la belleza de *Coluber elegantissimus.*

bajo del ojo se halla una mancha oscura, vertical. El vientre es de color blanco amarillento.

No venenosa, inofensiva.

▲ *Hábitat:* Regiones secas del desierto, márgenes de oasis.

▲ *Biología:* Poco conocida. Terrestres. Activas, predominantemente durante el crepúsculo y la noche.

▲ *Alimentación:* Mamíferos pequeños (ratones), lagartos.

▲ *Reproducción:* Ovípara.

▲ *Singularidades:* Serpiente esbelta muy bonita con notable dibujo "de anillos" en el dorso, con una banda longitudinal de color naranja que recorre el centro del dorso. Rara.

Distribución

En Israel sólo se conoce en Wadi'Arava; además en la Península Arábiga, tal vez también en la Península del Sinaí.

Una serpiente muy similar en cuanto a su aspecto externo vive en la Península del Sinaí. Se trata de la Culebra del Sinaí *(Coluber sinai)* (SCHMIDT & MARX, 1956).

Esta especie también posee un dibujo "de anillos" oscuro muy característico en el dorso, cola y cabeza. Sin embargo, existen algunas claras diferencias respecto a *C. elegantissimus*.

La Culebra del Sinaí no presenta bandas longitudinales claras en la mitad del dorso. Las bandas en anillo sólo ocupan 2 escamas en la parte anterior del cuerpo y 1 escama en la parte posterior. Posee únicamente 17 hileras de escamas dorsales hacia la mitad del cuerpo (frente a 19 en la *C. elegantissimus*).

Es un poco más larga (70-100 cm como promedio) y presenta más escamas debajo de la cola (subcaudales) que *C. elegantissimus*:

La Culebra del Sinaí es muy rara, y sólo se conoce en la apartada región mediterránea de la Península del Sinaí.

Debido a su parecido morfológico y probablemente también en cuanto a su biología con *C. elegantissimus*, la describimos junto con ésta.

Coluber florulentus (GEOFFROY, 1827)
Familia culebras (Colubridae)
Subfamilia colubrinos (Colubrinae)
F Couleuvre d'Egypte I Egyptian Whip Snake A Ägyptische Zornnatter

▲ *Características:* Longitud media 80-110 cm. Cabeza estrecha y definida. Ojos relativamente pequeños para una culebra, con pupila redonda.

Escamas corporales lisas. Veintiuna (rara vez 19 o 23) hileras de escamas dorsales hacia la mitad del cuerpo. Una escama loreal, 1 escama preocular, 2 escamas postoculares, y 1 o 2 pequeñas escamas suboculares por encima de la cuarta escama supralabial, que está reducida. Nueve escamas supralabiales, la quinta y sexta tocando con el borde inferior del ojo (rara vez 1 o 2 escamas supralabiales adicionales). Escamas ventrales acodadas en los extremos, formando un reborde.

Coloración de fondo de gris a pardo oliváceo. Dibujo dorsal

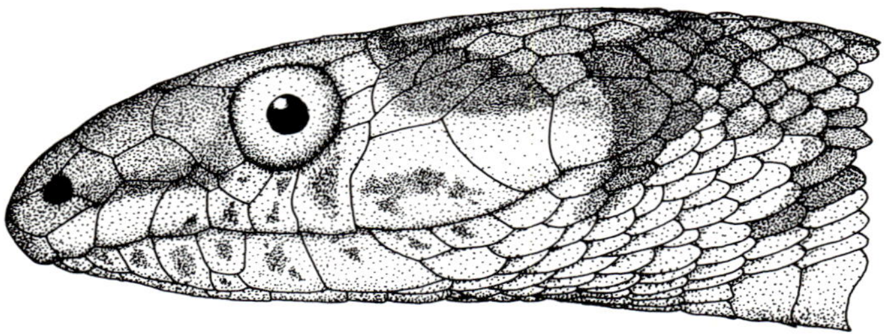

consistente en manchas oscuras y transversales que en la parte anterior frecuentemente están dispuestas en parejas. El dibujo dorsal se difumina y desaparece en la parte posterior del dorso y en la cola. Los costados tienen manchas oscuras y más pequeñas. El dibujo de la cabeza consiste en manchas oscuras y simétricas en las escamas parietales y supraoculares, a veces también en la escama frontal. Vientre de color crema a gris blanquecino, escamas ventrales con manchas oscuras en los extremos laterales. Los animales jóvenes poseen un dibujo especialmente acusado.

No venenosa, inofensiva.

▲ *Hábitat:* Preferentemente en oasis y tierras de cultivo agrícolas

Coluber florulentus es una serpiente terrestre con un dibujo de manchas característico en el dorso.

con una humedad atmosférica suficiente junto al suelo.

▲ *Biología:* Poco conocida. Habitante del suelo. Activa durante el día y el crepúsculo. Muy asustadiza y rápida.

▲ *Alimentación:* Mamíferos pequeños, lagartos, pájaros que anidan en el suelo. Mata a la presa mediante estrangulamiento.

▲ *Reproducción:* Ovípara.

▲ *Singularidades:* Habitante del suelo con típico dibujo de manchas. Ojos relativamente pequeños. Requiere un hábitat rico en vegetación (humedad del aire).

Distribución

En las regiones descritas en este libro: en el este de Libia, Egipto; además Etiopía, Somalia, Kenia y Uganda.

Culebra de herradura

Coluber hippocrepis (LINNAEUS, 1758)
Familia culebras (Colubridae)
Subfamilia culebrinos (Colubrinae)
Cat Serp de ferradura Port Cobra-de-ferradura F Couleuvre fer-à-cheval
It Colubro ferro di cavallo I Horseshoe Whip Snake A Hufeisennatter

▲ *Características:* Hasta 150 cm. Serpiente fuerte, con marcado dibujo y cola larga. Cabeza estrecha, poco definida. Ojos grandes con pupila redonda.
Escamas corporales lisas. 25-29 hileras de escamas dorsales hacia la mitad del cuerpo. Una serie de escamas suboculares entre el borde inferior del ojo y las escamas supralabiales.
Coloración de fondo amarillenta, gris blanquecina o anaranjada, a veces recubierta de una pigmentación oscura, de forma que la serpiente parece de color negro. En la parte posterior de la cabeza presenta un dibujo oscuro, en forma de herradura. Una banda oscura con bordes claros cruza transversalmente la cabeza de un ojo al otro. En la mitad del dorso se encuentra una hilera longitudinal de manchas redondas, oscuras y con bordes negros.
En los costados también presenta una o varias hileras de manchas oscuras y más pequeñas, que pueden confluir en la cola en forma de bandas irregulares. Vientre amarillo, anaranjado o rojo, con manchas oscuras en los costados.
No venenosa.
▲ *Hábitat:* Pendientes secas en zonas de estepa o semidesierto, con rocas y arbustos. También en la proximidad de poblaciones y jardines cubiertos de maleza.
▲ *Biología:* Serpiente terrestre, pero puede trepar bien a arbustos bajos y a zonas rocosas. Activa de día. Muy asustadiza y huidiza. Hiberna durante 4-5 meses.

La Culebra de herradura *(Coluber hippocrepis)* se caracteriza por sus manchas oscuras y redondas sobre fondo más claro, generalmente amarillento o anaranjado.

▲ *Alimentación:* Pájaros, mamíferos pequeños. Los animales jóvenes comen lagartos, grillos y saltamontes grandes.
▲ *Reproducción:* Apareamiento en abril-mayo. Pone 5-9 huevos; las crías salen en agosto-septiembre.
▲ *Singularidades:* Un dibujo notable de manchas redondas en el dorso. Una hilera de escamas pequeñas en el borde inferior del ojo.

Distribución

Mitad mericional de la Península Ibérica, Cerdeña, Pantelleria, África nordoccidental.

Culebra látigo grande

Coluber (Hierophis) jugularis (LINNAEUS, 1758)
Familia culebras (Colubridae)
Subfamilia colubrinos (Colubrinae)
F Serpent fouet grand I Large Whip Snake A Pfeilnatter

▲ *Características:* Longitud media 160-200 cm, pero también puede alcanzar los 250 cm.

Serpiente muy grande. Cola larga y fina, lo cual le da un aspecto esbelto a pesar de su gran tamaño. Cabeza relativamente pequeña en relación con el cuerpo. Ojos destacados con pupila redonda.

Escamas corporales lisas. Diecinueve hileras de escamas dorsales hacia la mitad del cuerpo. Una escama loreal, 2 escamas preoculares, la inferior muy pequeña, 2 (rara vez 3) escamas postoculares. Una escama subocular junto al borde anterior del ojo. Ocho (ocasionalmente 7) escamas supralabiales, la cuarta y quinta tocando con el borde inferior del ojo. Las escamas de la parte superior de la cabeza son especialmente grandes.

Coloración de fondo muy oscura, pardo negruzca. Frecuentemente se presentan animales de color completamente negro (melanismo). Las escamas corporales generalmente presentan una raya

La Culebra látigo grande *(Coluber jugularis)* se diferencia de la Culebra del Caspio *(Coluber caspius)* por su color muy oscuro y por la cara inferior de la cabeza de color rojo llamativo. Es una serpiente terrestre de actividad diurna, pero también trepa bien.

clara longitudinal en el centro, lo cual les da un aspecto finamente rayado parecido al de la *Coluber caspius*. El vientre y la garganta de color de rojo salmón a rojo oscuro, a los lados con manchas negras. Los animales jóvenes con dibujo de manchas muy vivo, que se va perdiendo en el curso de los primeros 3-4 años de vida.

No venenosa, ataca cuando se ve acorralada.

▲ *Hábitat:* Estepas abiertas y secas y terrenos montañosos soleados con matorrales y algo de vegetación, laderas con cantos rodados, prados de pasto con arbustos espinosos, viñedos y jardines con maleza. Ruinas y edificios viejos. En zonas montañosas hasta los 1000 m aproximadamente.

▲ *Biología:* Serpiente diurna terrestre, que también trepa a los arbustos. Toma largos baños de sol por la mañana y por la tarde. Huidiza: escapa haciendo un fuerte ruido al igual que *Coluber caspius*. Cuando es sujetada muerde ferozmente. En los terrarios pierde su miedo y puede llegar a ser bastante confiada. Le gusta nadar y persigue las presas de anfibios incluso en el agua. Hiberna durante varios meses.

▲ *Alimentación:* Mamíferos pequeños (ratones, ratas, hámsters, etc.), pájaros, lagartos, también serpientes pequeñas, ranas, sapos y tritones.

▲ *Reproducción:* Ovípara. Pone 5-15 huevos.

▲ *Singularidades:* Serpiente muy grande, muy oscura. Garganta y vientre de color rojo. En la naturaleza es arisca y huidiza. Puede perder su timidez en el terrario.

Distribución

Sur y este de Turquía, ¿extremo sur de la CEI?, norte de Irán, norte de Irak, Siria, Jordania, el Líbano, Israel.

2 subespecies:
C. j. jugularis (Turquía, ¿extremo sur de la CEI?, norte de Irán, norte de Irak, centro y norte de Siria),
C. j. asianus (sur de Siria, Jordania, el Líbano, Israel)

Culebra de los Balcanes

Coluber (Hierophis) laurenti (Bedriaga, 1882) (antes *Coluber gemonensis*)
Familia culebras (Colubridae)
Subfamilia colubrinos (Colubrinae)
F Couleuvre des Balkans It Colubro dei Balcani I Balkan Whip Snake
A Balkan-Zornnatter

▲ *Características:* Longitud generalmente 70-100 cm, rara vez más larga. Serpiente esbelta de tamaño medio. Cola relativamente larga. Cabeza bastante alta y bien de-

La Culebra de los Balcanes *(Coluber laurenti)* es una serpiente terrestre de actividad diurna –pero también trepa bien–. Puede tener un color más claro (arriba) o más oscuro (abajo). Cuando se la apresa, ¡muerde ferozmente!

finida. Ojos grandes con pupila redonda.
Escamas corporales lisas. Diecinueve hileras de escamas dorsales hacia la mitad del cuerpo. Una escama preocular. Una escama subocular junto al borde anterior del ojo. Ocho escamas supralabiales.
Coloración de fondo de pardo amarillenta a aceituna. En la parte anterior del cuerpo manchas pequeñas, oscuras, dispuestas de forma irregular y frecuentemente cruzadas por una raya clara longitudinal. La parte posterior del cuerpo y la larga cola presentan líneas claras y oscuras que se hallan muy juntas. Las escamas ventrales amarillentas o blanquecinas presentan –al menos en la parte anterior del cuerpo– manchas oscuras en los bordes externos.

No venenosa, pero agresiva.

▲ *Hábitat:* Terrenos variados, en pendientes secas con matorrales y piedras, muros de piedras, ruinas, viñedos, y ocasionalmente en bosques claros.

▲ *Biología:* Diurna. Preferentemente terrestre, también trepa a arbustos y árboles bajos. Muy rápida y huidiza. Muerde fieramente al ser sujetada.
En regiones más frías hiberna durante 1-4 meses.

▲ *Alimentación:* Lagartos, ratones, pájaros jóvenes, saltamontes grandes, a veces incluso serpientes pequeñas.
Persigue y captura su presa con gran rapidez.

▲ *Reproducción:* Pone 4-10 huevos. Las crías recién salidas del huevo se alimentan en un principio de insectos.

▲ *Singularidades:* Parte posterior del cuerpo con rayas longitudinales estrechas. Muerde cuando es sujetada.

Distribución

Costa adriática de Yugoslavia, Albania, Grecia y algunas islas del Mar Egeo, como Eubea, Creta, Kithyra o Gioura.
En la Isla de Giaros, en las Cíclades griegas, se ha descrito una subespecie –*Coluber laurenti gyarosensis*– que hoy en día es considerada como especie aparte por algunos zoólogos.
Basándose en investigaciones científicas se ha comprobado recientemente que los ejemplares provenientes de la región de los alrededores de la ciudad italiana de Gemona, que fueron utilizados para las primeras descripciones de la Culebra de los Balcanes, son representantes de la Culebra verdiamarilla *(Coluber viridiflavus)*. De ello resultó la necesidad de cambiar el nombre específico de la Culebra de los Balcanes, válido durante mucho tiempo, de *C. gemonensis* a *C. laurenti* (SCHÄTTI y LANZA, 1988; SCHÄTTI, 1988).

Culebra de Dahl

Coluber najadum (EICHWALD, 1831)

Familia culebras (Colubridae)

Subfamilia colubrinos (Colubrinae)

F Serpent fouet It Colubro saetta I Dahl's Whip Snake A Schlanknatter

▲ *Características:* Longitud media 100 cm, excepcionalmente hasta 140 cm. Serpiente muy esbelta y grácil. La cola muy larga y delgada destaca la esbeltez de la serpiente. Cabeza delgada y alargada, claramente separada del cuello, que es relativamente estrecho. Ojos notablemente grandes, con pupila redonda.

Escamas corporales lisas. Diecinueve hileras de escamas dorsales hacia la mitad del cuerpo. Una escama preocular. Una escama subocular junto al borde anterior del ojo. Generalmente 8, pero alguna vez 7 o 9 escamas supralabiales.

Coloración de fondo de cabeza y cuello de verde grisácea a gris aceituna, que hacia atrás va cambiando lentamente a una coloración de pardo rojiza a pardo amarillenta. En el cuello presenta, a ambos lados, una serie de ocelos oscuros con reborde blanco, que van disminuyendo de tamaño en la parte posterior. El par de ocelos situado directamente detrás de la cabeza a veces parece un collar. A los lados de la cabeza

Esta fotografía de la Culebra de Dahl *(Coluber najadum)* muestra claramente las características de los ojos con rebordes claros a los lados del cuello.

La muy esbelta y grácil Culebra de Dahl *(Coluber najadum)* se mueve rapidísimamente y persigue como un rayo a sus presas.

presenta una banda oscura que va desde los orificios nasales hacia las comisuras bucales pasando por el ojo. La hilera de ocelos seguramente tiene una función de protección. El vientre es blanco o amarillento sin manchas.

No venenosa; conducta defensiva agresiva.

▲ *Hábitat:* Lugares muy diversos, desde llanuras hasta regiones montañosas de 2000 m de altitud y más. Especialmente en los valles fluviales, pero también en pendientes con matorrales y vegetación, en jardines con maleza, en claros de bosques, en viñedos, en ruinas, en prados cubiertos de matorrales, en los márgenes de los caminos. Son partes integrantes importantes de los biotopos de las culebras de Dahl la abundante vegetación, los matorrales y las piedras para esconderse.

▲ *Biología:* Serpiente terrestre diurna, que también trepa a los arbustos. Muy rápida y asustadiza. Muerde fieramente al ser sujetada. Hiberna durante 5-6 meses.

▲ *Alimentación:* En primer lugar lagartos, sólo en épocas de escasez insectos grandes y ratones jóvenes. Captura su presa con una velocidad increíble.

▲ *Reproducción:* Pone sólo 3-5 huevos alargados en sistemas de túneles subterráneos o debajo de las piedras. Las crías salen de los huevos a finales de agosto-septiembre y se alimentan de lagartos jóvenes y saltamontes.

▲ *Singularidades:* Serpiente muy esbelta, frecuentemente con el grosor de un lápiz, con una serie de manchas oculares oscuras en el cuello. Se mueve rápidamente y persigue su presa a gran velocidad.

Distribución

Yugoslavia (Istria y zonas costeras), Grecia, sur de Bulgaria, Transcaucasia hasta el sudoeste de Asia Menor.

3 subespecies
C. n. najadum (este de Turquía hasta la CEI y norte de Irán),
C. n. dahli (Balcanes, oeste de Turquía hasta Israel),
C. n. kalymnensis (isla Kalymnos en el Mar Egeo)

Culebra viperina oriental
Coluber nummifer (REUSS, 1834)
Familia culebras (Colubridae)
Subfamilia colubrinos (Colubrinae)
F Couleuvre à monnaie It Colubro viperino I Coin Snake A Münzennatter

La Culebra viperina oriental *(C. nummifer)* es muy parecida a la Culebra de Ravergier *(C. ravergieri)*, estrechamente emparentada con ella. *C. nummifer* era considerada como una subespecie de la Culebra de Ravergier, pero los zoólogos que han estudiado estas serpientes han aceptado ya que se trata de una especie aparte.

▲ *Características:* Longitud media 70-100 cm.

Culebra fuerte, con aspecto robusto. Cabeza algo definida. Ojos pequeños, con pupila redonda.

Escamas corporales con carenado más o menos pronunciado. En general, 23 hileras de escamas dorsales hacia la mitad del cuerpo. En las islas del Dodecaneso, en Chipre y en las áreas de distribución del sur (Egipto, Israel, Líbano) también hay ejemplares que presentan 25 hileras de escamas dorsales. Escamas supraoculares muy grandes. Una escama loreal, 2 escamas preoculares, 2 escamas postoculares. Una escama subocular junto al borde anterior del ojo. 8-9 escamas supralabiales.

C. nummifer presenta un número mayor de hileras de escamas dorsales (23-25 en *C. nummifer*, 21 en *C. ravergieri)*, de escamas ven-

Hace poco se ha reconocido a la Culebra viperina oriental *(Coluber nummifer)* como especie independiente. Su nombre científico se debe a las manchas en forma de moneda del dorso.

Los jóvenes ejemplares de la Culebra viperina oriental *(Coluber nummifer)* ya muestran el característico dibujo del dorso.

trales (machos 195-212, hembras 208-230 en *C. nummifer,* machos 189-207, hembras 119-206 en *C. ravergieri),* así como de escamas intracaudales (machos 82-107, hembras 79-107 en *C. nummifer,* machos 77-99, hembras 70-94 en *C. ravergieri).* Para la clasificación sistemática también se utilizan las estructuras del hemipene (en *C. nummifer* más espinas basales que en *C. ravergieri)* que no es posible investigar en los animales que viven en la naturaleza.
La coloración de fondo es pardo grisácea o gris olivácea. El dibujo puede ser muy variable, aquí sólo describiremos el tipo más frecuente: En la mitad del dorso existe una hilera de manchas "con aspecto de moneda" de color pardo oscuro, rodeadas por un reborde negro y bien separadas (no confluyen en una banda). Esta hilera de manchas dorsales se prolonga en la cola mediante una raya longitudinal oscura. En los costados tiene una serie de manchas dorsales más pequeñas y alternas. La parte superior de la cabeza suele presentar una banda transversal oscura entre los ojos con manchas irregulares en la parte posterior de la cabeza. Banda en las sienes que va del ojo a las comisuras bucales. Existe una banda oscura que va desde el borde inferior del ojo hasta la comisura bucal, a veces está poco marcada. Vientre blanco grisáceo, a veces con manchitas finas y oscuras. Los bordes de las escamas ventrales presentan manchas oscuras.

No venenosa, agresiva cuando se ve amenazada.

▲ *Hábitat:* Pendientes con cantos rodados secas y soledas, con poca vegetación. Llanuras que no superan los 900 m de altitud, y a veces un poco por encima de los 1000 m (*C. ravergieri* habita en zonas montañosas de hasta más de 2600 m de altitud).

▲ *Biología:* Poco conocida, muy similar a la de la Culebra de Ravergier. Activa de día. Veloz y ágil, siempre preparada para la huida. Ante un peligro, aplana la cabeza y silba fuertemente (comportamiento similar a las víboras). Probablemente hiberna durante varios meses.

▲ *Alimentación:* Mamíferos pequeños, lagartos, pájaros pequeños. Estrangula a sus presas.

▲ *Reproducción:* Deposita los huevos (4-10) en junio-julio en la tierra debajo de las piedras. Las crías salen en septiembre.

▲ *Singularidades:* Hace poco fue reconocida como especie aparte. Una serie de manchas aisladas "en forma de moneda" en el dorso. Aspecto y biología muy similares a la Culebra de Ravergier *(C. ravergieri).* Comportamiento de amenaza parecido al de las víboras, con la cabeza aplanada y silbando fuerte. Habita tierras bajas.

Distribución

Algunas islas del Dodecaneso, Chipre, sudesde de Anatolia, oeste de Siria, Líbano, Israel, Península del Sinaí, norte de Egipto hasta el Nilo.

Culebra de Ravergier

Coluber ravergieri (MENTRIES, 1832)
Familia culebras (Colubridae)
Subfamilia colubrinos (Colubrinae)
F Serpent fouet de Ravergier I Ravergier's Whip Snake A Ravergiers Zornnatter

▲ *Características:* Longitud media hasta 100 cm, en el área de distribución del este y Asia Menor hasta 150 cm. Serpiente fuerte, con aspecto robusto. Cabeza de tamaño medio. Ojos relativamente pequeños con pupila redonda. Escamas corporales ligeramente carenadas. En general 21 hileras de escamas dorsales hacia la mitad del cuerpo. Escamas supraoculares muy grandes. Una escama loreal, 2 escamas preoculares, 2 escamas postoculares. Una escama subocular junto al borde anterior del ojo.

Coloración de fondo gris, pardo grisácea o gris olivácea. Dibujo dorsal consistente en manchas romboidales oscuras, ocasionalmente con borde claro, que en la parte posterior del cuerpo confluye en una banda longitudinal oscura. A veces este dibujo dorsal es muy débil. En los costados posee una serie de manchas oscuras que en el tercio posterior del cuerpo y en la cola también confluyen en una banda longitudinal oscura. En la parte posterior de la cabeza 2 manchas oscuras en for-

La Culebra de Ravergier *(Coluber ravergieri)* es una serpiente fuerte y rápida, que en caso de peligro aplana la cabeza como las víboras y silba fuertemente.

ma de V, entre los ojos 2 manchas puntiformes oscuras, en los lados de la cabeza una banda oscura que va de los ojos a las comisuras bucales, y una banda más corta que va del borde inferior del ojo hasta la abertura bucal. Vientre de color blanco grisáceo, con punteado más oscuro. Los bordes de las escamas ventrales presentan manchas oscuras, que en el tercio posterior del cuerpo hasta la escama anal confluyen formando una línea longitudinal.

No venenosa, pero muerde fieramente para defenderse.

▲ *Hábitat:* Semidesiertos, zonas de estepas y pendientes cubiertas de matorrales y orientadas hacia

Es característico de la Culebra de Ravergier *(Coluber ravergieri)* el oscuro dibujo de rombos en el dorso, que en la parte posterior del cuerpo y la cola se funde formando rayas longitudinales.

el sur. También en valles fluviales pedregosos. Habita en las montañas hasta una altitud de más de 2600 m.

▲ *Biología:* A pesar de su aspecto robusto es bastante rápida, sobre todo en la huida. Trepa bien. Diurna. Se puede encontrar por la mañana y por la tarde cuando toma baños de sol en la proximidad de arbustos o piedras. En caso de peligro puede aplanar mucho la cabeza y definirla bien

Distribución

Este de Turquía hasta el sudoeste de la CEI y Asia Central. En la región aquí descrita se trata de la subespecie *C. ravergieri ravergieri.*

(por esta razón es posible confundirla con las víboras). Silba fuertemente y muerde fieramente cuando es amenazada.
Hiberna de 2-6 meses, dependiendo del hábitat.
▲ *Alimentación:* Ratones y pequeños roedores. Lagartos, pájaros jóvenes. Estrangula a su presa antes de devorarla –las presas pequeñas son devoradas vivas.
▲ *Reproducción:* Deposita los huevos en junio-julio. 4-10 huevos debajo de las piedras en la tierra. Las crías salen en el mes de septiembre.
▲ *Singularidades:* Dibujos romboidales en el dorso, que en el tercio posterior del cuerpo y en la cola confluyen formando una banda longitudinal. En caso de peligro silba fuertemente y aplana la cabeza como las víboras.

Culebra de Jan

Coluber rhodorachis (JAN, 1865)
Familia culebras (Colubridae)
Subfamilia colubrinos (Colubrinae)
F Couleuvre de Jan I Jan's Whip Snake A Jans Pfeilnatter

▲ *Características:* Longitud media 50-70 cm, en el área occidental, y 70-105 cm en la oriental.
Forma muy esbelta. Cabeza estrecha y poco definida. Ojos grandes, con pupila redonda.
Escamas corporales lisas. 19 hileras de escamas dorsales hacia la mitad del cuerpo. Una escama loreal. Una preocular, 2-3 postocu-

La Culebra de Jan *(Coluber rhodorachis)* es una serpiente muy esbelta que se ha especializado en una alimentación a base de lagartos.

lares, 1 subocular junto al borde anterior del ojo. Nueve supralabiales, la 5.ª y 6.ª tocan el borde inferior del ojo.
Coloración de fondo gris clara, pardo grisácea o gris verdosa. En la mitad del dorso una serie de manchas oscuras en forma de barra o bandas transversales. Flancos con una serie de manchas más pequeñas que se alternan respecto a las bandas dorsales se debilitan a partir de la mitad del cuerpo y desaparecen en la región posterior del tronco y en la cola. A veces se encuentran animales de color gris uniforme, que presentan una raya longitudinal más estrecha y rojiza en la mitad del cuerpo, que también desaparece en la parte posterior del cuerpo. La parte superior de la cabeza es gris y carece de manchas. A los lados presenta una banda vertical amarillenta o blanquecina delante y detrás del ojo, y una corta y oscura, que va del borde inferior del ojo hasta la abertura bucal. Vientre de color marfil, con puntos oscuros en el borde posterior de los extremos de las escamas ventrales.

No venenosa, inofensiva.

▲ *Hábitat:* Terrenos rocosos y pedregosos, frecuentemente en desfiladeros y valles profundos; a veces en la proximidad de poblaciones en jardines cubiertos de malezas y en el margen de los campos. En las montañas habita hasta una altitud de unos 2000 metros.

▲ *Biología:* Poco conocida. Diurna con máxima actividad por la mañana y por la tarde antes de la puesta de sol. Muy arisca y rápida, se esconde en las hendiduras de las rocas.

▲ *Alimentación:* Lagartos.

▲ *Reproducción:* Ovípara.

▲ *Singularidades:* Culebra muy esbelta, elegante. Bandas verticales amarillentas delante y detrás del ojo; debajo del ojo, una mancha oscura vertical. Arisca y rápida. Come lagartos.

Distribución

En las áreas aquí descritas Egipto (hasta el Sudán), Israel, Líbano y Siria; además Jordania, Irak, Irán, Provincia Transcaspiana, Afganistán, oeste de Pakistán.

Coluber rogersi (ANDERSON, 1893)
Familia culebras (Colubridae)
Subfamilia colubrinos (Colubrinae)
F Couleuvre d'Anderson I Anderson's Whip Snake A Andersons Pfeilnatter

▲ *Características:* Longitud 80-100 cm. Cabeza estrecha y definida. Ojos de tamaño medio, con pupila redonda.
Escamas corporales lisas; 17-19 hileras de escamas dorsales hacia la mitad del cuerpo. Una escama loreal, 1 preocular, 2 postocula-

Coluber rogersi es extremadamente arisca y rápida –sobre todo cuando está cazando su presa favorita, los lagartos.

Coluber rogersi aparece en los semidesiertos y estepas del norte de África, desde Libia hasta la Península Arábiga.

res, 9 (a veces 10) supralabiales, la 5.ª y 6.ª tocando con el borde inferior del ojo. Escama subocular pequeña por encima de la 4.ª supralabial, que es de reducido tamaño. Las ventrales son acodadas en los laterales de las puntas, formando un reborde longitudinal en los costados del vientre.

Coloración de fondo de pardo amarillento a pardo oliváceo. Dibujo dorsal con manchas oscuras, transversales, que suelen poseer un reborde claro. En los costados, manchas romboidales más pequeñas, dispuestas de forma alterna en relación con el dibujo dorsal. Los lados de la cabeza y de la nuca son a menudo de color naranja. Banda oscura y oblicua que va desde el borde inferior del ojo hasta la abertura bucal, y banda en las sienes que se dirigen hacia atrás a los lados de la cabeza. Vientre de color blanco crema. Casi cada 2 o 3 escamas ventrales tienen manchas oscuras en los laterales de los extremos.

No venenosa, inofensiva.

▲ *Hábitat:* Terrenos secos, semidesérticos o estepas con piedras y arbustos; a veces cerca del agua.

▲ *Biología:* Activa durante el día y la noche; en la época calurosa del año es activa exclusivamente de noche. Muy asustadiza y rápida.

▲ *Alimentación:* Lagartos, rara vez sapos y ranas.

▲ *Reproducción:* Pone hasta 5 huevos grandes y alargados.

▲ *Singularidades:* Serpiente esbelta, muy rápida y con cabeza estrecha. Tiene manchas oscuras con bordes claros en el dorso. Su alimentación es en especial de lagartos. Pone pocos huevos que son grandes y alargados.

Distribución

Libia, Egipto, Israel, Líbano, Siria, Jordania, Irak y Península Arábiga.

Culebra rojiza

Coluber rubriceps (Venzmer, 1919)
Familia culebras (Colubridae)
Subfamilia colubrinos (Colubrinae)
F Serpent fouet rouge It Colubro rossastro I Red Whip Snake
A Rötliche Zornnatter

▲ *Características:* Longitud máxima 100 cm, generalmente inferior. Serpiente bastante delgada con cola larga y estrecha, cabeza relativamente pequeña y aplanada, poco definida. Ojos pequeños con pupila redonda.

Escamas corporales lisas. Diecinueve hileras de escamas dorsales hacia la mitad del cuerpo. 1-2 escamas preoculares, 1-2 escamas suboculares junto al borde anterior del ojo; 8-9 escamas supralabiales.

Coloración de fondo de gris rojiza a pardo rojiza. Banda oscura

La Culebra rojiza *(Coluber rubriceps)* se parece un poco a la Culebra de Dahl *(Coluber najadum)*, pero las manchas ocelares a los lados del cuello están más separadas en la Culebra rojiza que en la Culebra de Dahl.

La fotografía muestra claramente las escasas manchas ocelares que están más separadas entre sí en la Culebra rojiza *(Coluber rubriceps)*.

con rebordes claros en la nuca. Desde el cuello y la parte anterior del cuerpo hacia atrás presenta, a ambos lados, una serie de manchas ocelares oscuros con rebordes claros. Dichos ocelos, sin embargo, están mucho más separados que los de la Culebra de Dahl *(Coluber najadum)*. Dorso monocolor, sin dibujo. Vientre de color blanco amarillento claro.

No venenosa.

▲ *Hábitat:* Llanuras en la proximidad de la costa, que llegan hasta las primeras colinas de detrás de la zona costera. Terreno seco, cubierto de matorrales y piedras grandes. En las zonas de acantilados, allí donde hay arbustos y algo de vegetación detrás de la zona donde salpica el agua.

▲ *Biología:* Serpiente terrestre diurna. Muy rápida, aún más que la Culebra de Dahl *(Coluber najadum)*, también en sus movimientos repentinos.
En el área de distribución septentrional hiberna durante varios meses.

▲ *Alimentación:* Principalmente lagartos, ocasionalmente insectos grandes.

▲ *Reproducción:* Deposita aprox. 3-5 huevos alargados, subcilíndricos.

▲ *Singularidades:* Muy esbelta y rapidísima. Vive cerca de la costa. En ambos lados del cuello presenta una hilera de manchas ocelares.

Distribución

Costa búlgara del Mar Negro, zona turca de la costa egea hasta Israel.

Culebra de Schmidt

Coluber (Hierophis) schmidti (NIKOLSKY, 1909)
Familia culebras (Colubridae)
Subfamilia colubrinos (Colubrinae)
F Serpent fouet de Schmidt I Schmidt's Whip Snake A Schmidts Pfeilnatter

▲ *Características:* Longitud media 140-160 cm. Se parece a la Culebra del Caspio *(Coluber caspius)*. Cabeza poco definida. Ojos con pupila redonda.
Escamas corporales lisas. Diecinueve hileras de escamas dorsales hacia la mitad del cuerpo. Una escama loreal, 1 y rara vez 2 escamas preoculares, 2 escamas postoculares. Una escama subocular en el borde anterior del ojo. Ocho (a veces nueve) escamas supralabiales, la cuarta y quinta tocando con el borde inferior del ojo.
Coloración de fondo de pardo rojiza a rojo ladrillo. Es característico el dibujo de las escamas corporales (dorso y flancos): la mitad de la escama es roja y oscura y los bordes superior e inferior son de color claro, con lo cual se crea

La Culebra de Schmidt *(Coluber schmidti)* de color rojizo uniforme ha sido reconocida como especie independiente hace sólo unos pocos años. Su área de distribución se extiende desde el este y sur de Turquía hasta el sur de Rusia y el norte de Irán.

la imagen de bandas longitudinales muy finas.
Los animales jóvenes presentan manchas oscuras, en la parte anterior del cuerpo forman bandas transversales. Este dibujo puede permanecer durante mucho tiempo (hasta una longitud de aproximadamente 140 cm). El vientre es de un color de rojo coral a cereza brillante, con un brillo rosado nacarado.
No venenosa, inofensiva, pero muerde al ser sujetada.
▲ *Hábitat:* Zona montañosa seca con arbustos, vegetación y piedras; jardines con malezas, ruinas.
▲ *Biología:* Casi desconocida. Serpiente terrestre diurna. Huidiza. Hiberna durante varios meses.

▲ *Alimentación:* Mamíferos pequeños (ratones, ratas, hámsters, etc.), pájaros, lagartos, sapos. Mata la presa por estrangulamiento.
▲ *Reproducción:* Ovípara.
▲ *Singularidades:* Serpiente de un color de rojo herrumbre a rojo ladrillo, muy parecida a la Culebra del Caspio *(Coluber caspius)*. Escamas corporales con centro rojo oscuro y bordes claros, con lo cual se crea la impresión de un dibujo de rayas longitudinales finas y claras. Vientre de color rojo brillante.

Distribución

Rusia meridional al sur del Cáucaso, Turquía, sobre todo en el sur y el este, norte de Irán, norte de Siria, Jordania.

Coluber ventromaculatus (GRAY, 1834)
Familia culebras (Colubridae)
Subfamilia colubrinos (Colubrinae)
F Couleuvre tachetée I Spotted Whip Snake A Gefleckte Zornnatter

▲ *Características:* Longitud media 90-110 cm, en el área de distribución oriental a veces llega a los 150 centímetros.
Cabeza larga y estrecha, claramente definida. Ojos con pupila redonda.
Escamas corporales lisas. Diecinueve hileras de escamas dorsales hacia la mitad del cuerpo. Una escama preocular, 2-3 escamas postoculares. Una escama subocular junto al borde anterior del ojo. Nueve (raramente ocho) escamas supralabiales, la quinta y sexta tocando con el borde inferior del ojo.
Coloración de fondo gris o gris aceituna. En el dorso presenta una serie de manchas oscuras, transversales o romboidales. Flancos con manchas más pequeñas, dispuestas de forma alterna respecto a las barras del dorso. En la nuca se encuentra una raya longitudinal corta y oscura. La parte superior de la cabeza ocasionalmente presenta manchas oscuras poco definidas. Presenta una mancha oscura debajo del ojo y una banda oscura y arqueada en las sienes. Vientre de color blanco crema o amarillento, con puntos y manchas oscuras.
No venenosa, inofensiva, muerde cuando se siente amenazada.

Distribución

Desde Israel, Líbano y Siria, pasando por Jordania, Irak e Irán, hasta el Pakistán y el noroeste de la India.

Coluber ventromaculatus es una serpiente terrestre fuerte con un claro dibujo de manchas.

Esta fotografía de *Coluber ventromaculatus* muestra el contrastado dibujo de manchas de su cabeza, que le confiere un aspecto vivaracho (abajo).

▲ *Hábitat:* Regiones semidesérticas y estepas con escasa vegetación. Oasis y cerca de poblaciones.
▲ *Biología:* Poco conocida. Activa al amanecer y por la noche. Terrestre y trepadora. Asustadiza y rápida, muerde si es apresada.
▲ *Alimentación:* Mamíferos pequeños (ratones, ratas) y lagartos.
▲ *Reproducción:* Ovípara.
▲ *Singularidades:* Serpiente terrestre fuerte. Vientre de color crema con manchas oscuras. En caso de peligro es agresiva.

Culebra verdiamarilla

Coluber (Hierophis) viridiflavus (LACÉPÈDE, 1789)
Familia culebras (Colubridae)
Subfamilia colubrinos (Colubrinae)
Cat Serp verd-i-groga Vas Suge F Couleuvre verte et jaune It Biacco
I Western Whip Snake A Gelbgrüne Zornnatter

▲ *Características:* Longitud media 120-150 cm, pero también puede alcanzar los 180 cm.
Tiene un aspecto esbelto debido a su larga cola. Cabeza estrecha, alargada y poco definida. Ojos grandes con pupila redonda. Escamas corporales lisas. Diecinueve hileras de escamas hacia la mitad del cuerpo. Escama anal dividida. Una gran escama preocular. Una escama subocular junto al borde anterior del ojo. Ocho escamas supralabiales. Colora-

La Culebra verdiamarilla *(Coluber viridiflavus)* es una serpiente oscura de considerable longitud. Es rápida y ágil, y muerde ferozmente cuando se la apresa (izquierda).

La Culebra verdiamarilla *(Coluber viridiflavus)* no sólo vive en el suelo, sino que es también una excelente trepadora (arriba).

ción de fondo de negro pardusca a negra. Cuerpo con manchas de un color de verde claro a amarillo, que en la parte anterior del cuerpo forman bandas transversales poco definidas y en la parte posterior del cuerpo están dispuestas en líneas longitudinales. A veces las manchas amarillas forman un dibujo reticular irregular. La subespecie *carbonaria* parece completamente negra, razón por la que recibe este nombre. Los animales jóvenes aún no

poseen la coloración negra, y muestran claramente las manchas sobre un fondo gris claro o verde oliváceo claro.

No venenosa, muerde fieramente.

▲ *Hábitat:* Secos con buenas posibilidades para esconderse. Laderas secas cubiertas de arbustos y piedras, márgenes de los bosques y bosques claros, maquis, montones de escombros, ruinas y jardines con malezas; a veces en los márgenes de prados húmedos. En las montañas habita hasta una altitud de 1500 m.

▲ *Biología:* Actividad diurna. En el suelo, pero también trepa bien a arbustos y rocas. Muy rápida y ágil. Muerde fieramente y

La Culebra verdiamarilla *(Coluber viridiflavus)* a veces también puede ser negra.

es agresiva al ser atrapada. Hiberna prolongadamente.

▲ *Alimentación:* Variada como los hábitats; pequeños mamíferos (ratones), pájaros y sus huevos, serpientes pequeñas, lagartos, sapos. Los animales jóvenes ingieren pequeños lagartos, escarabajos y saltamontes.

▲ *Reproducción:* Apareamiento en abril-mayo. El macho sujeta a la hembra mordiéndola en la nuca. En junio-julio deposita 6-15 huevos alargados bajo las piedras, en troncos viejos de árboles o en materia vegetal en descomposi-

ción. Las crías salen de los huevos después de 6-8 semanas.
▲ *Singularidades:* Serpiente oscura, ocasionalmente casi negra, de considerable longitud. Muy rápida y agresiva.

Distribución

Desde los Pirineos y nordeste de la Península Ibérica, pasando por el centro y sur de Francia y el sur de Suiza hasta Austria e Italia. Islas de Córcega, Cerdeña, Elba, Sicilia, Malta y algunas pequeñas islas del Mar Tirreno y de delante de la costa del norte de Yugoslavia.

2 subespecies:
C. v. viridiflavus (en el noroeste del área de distribución),
C. v. carbonarius (en el sur y sudeste del área de distribución)

Culebra lisa europea

Coronella austriaca (LAURENTI, 1768)
Familia culebras (Colubridae)
Subfamilia colubrinos (Colubrinae)
Cat Culebra llisa septentrional Gall Cobra Vas Suge Port Cobra-lisa F Couleuvre lisse It Colubro liscio I Smooth Snake A Schling- o Glattnatter

▲ *Características:* Longitud media 50-70 cm, rara vez 80 cm.
Serpiente relativamente pequeña. Cabeza ovalada, poco definida. Ojos pequeños, pupila redonda.
Escamas corporales lisas. Diecinueve hileras de escamas dorsales hacia la mitad del cuerpo. Siete escamas supralabiales, la tercera y la cuarta en contacto con el borde inferior del ojo. La punta de la escama rostral sobresale entre las escamas internasales y se puede ver desde arriba.
La coloración de fondo gris, parda, parda amarillenta o rojo herrumbre. El dibujo dorsal se compone de manchas oscuras, dispuestas en parejas o de forma alterna, que pueden dar la impresión de formar dos rayas longitudinales indefinidas. En la nuca presenta una mancha en forma de U abierta hacia atrás. Existe una raya oscura a los lados de la cabeza que va desde el orificio nasal, pasando por el ojo, hasta el cuello. Los costados a menudo presentan manchas y puntos oscuros. El vientre es oscuro, pardo rojizo, rojo anaranjado, gris o negruzco, a veces de aspecto marmóreo.
No venenosa, inofensiva.
▲ *Hábitat:* Terrenos abiertos, soleados, con abundantes posibilidades para esconderse. Prados, bosques, lindes de bosques, claros de los bosques, setos, laderas arbustivas, terraplenes, laderas con cantos rodados, taludes, viñedos, ruinas, jardines con malezas, terrenos pedregosos y con

La Culebra lisa europea *(Coronella austriaca)* es confundida frecuentemente (arriba) con la Víbora europea *(Vipera berus)* por su dibujo oscuro del dorso.

La alimentación de la Culebra lisa europea *(Coronella austriaca)* consiste en primer lugar en lagartos. Abraza y estrangula sus presas antes de engullirlas (abajo).

La cabeza redondeada, las pupilas redondas, las grandes escamas de la cabeza y las escamas corporales lisas son claras características de diferenciación de la Culebra lisa europea *(Coronella austriaca)* respecto a la Víbora europea *(Vipera berus)* (derecha).

abundante vegetación. En el norte de su área de distribución más en zonas de llanuras y zonas montañosas de mediana altura, en el sur en zonas montañosas de hasta 2000 m. En la proximidad de poblaciones humanas.
▲ *Biología:* Serpiente diurna, aunque vive bastante oculta. Lenta, huye tarde ya que se fía de su coloración de camuflaje. Terrestre, pero puede trepar a arbustos bajos. Muy fiel a su emplazamiento habitual. En caso de peligro silba y muerde.
Hiberna durante varios meses.
▲ *Alimentación:* Sobre todo lagartos, luciones y serpientes pequeñas, a veces ratones jóvenes. Estrangula a su presa.
▲ *Reproducción:* Después de la hibernación se produce el apareamiento en abril-mayo; el macho muerde a la hembra en la nuca. Ovovivípara. En agosto-septiembre salen 6-15 crías de las envolturas mucosas transparentes. En climas más fríos el período desde el apareamiento hasta el nacimiento puede durar un año más.
▲ *Singularidades:* Serpiente relativamente pequeña y lenta. Debido a su oscuro dibujo dorsal y cefálico, suele ser confundida con la Víbora europea *(Vipera berus),* pero no tiene escamas carenadas, ni las pupilas verticales ni tampoco grandes escamas craneales. Mata a su presa por estrangulamiento y es ovovivípara.)

Distribución

Desde el sur de Escandinavia, pasando por el sur de Inglaterra (sólo poblaciones muy aisladas) y toda Europa Central y la CEI europea, hasta el norte de Turquía, norte de Irán, Grecia, Italia y la parte norte de la Península Ibérica y regiones montañosas centrales.

2 subespecies:
C. a. austriaca (la mayor parte del área de distribución),
C. a. fitzingeri (sur de Italia y Sicilia)

Culebra lisa meridional
Coronella girondica (Daudin, 1803)
Familia culebras (Colubridae)
Subfamilia colubrinos (Colubrinae)
Cat Culebra llisa meridional Vas Suge Port Cobra-bordalesa F Coronelle girondine It Colubro di Ricciòli I Southern Smooth Snake A Girondische Schling- o Glattnatter

▲ *Características:* Longitud 45-65 cm, muy rara vez hasta 80 cm. Muy parecida a la Culebra lisa europea *(Coronella austriaca),* pero es generalmente más esbelta, con el hocico más redondo, y el dibujo oscuro de la nuca en forma de U está dirigido hacia la parte delantera de la cabeza (en la Culebra lisa europea, la U está

La Culebra lisa meridional *(Coronella girondica)* se parece mucho a la Culebra lisa europea *(Coronella austriaca)*, pero es más tranquila que ésta y el dibujo en forma de U de la cabeza está dirigido hacia adelante.

abierta hacia atrás). La cabeza está poco definida. Ojos pequeños, con pupila redonda.
Escamas corporales lisas. Veintiuna hileras de escamas dorsales hacia la mitad del cuerpo (la Culebra lisa europea generalmente tiene 19). Ocho escamas supralabiales estando la cuarta y quinta (en la Culebra lisa europea, la tercera y cuarta) en contacto con el borde inferior del ojo. La escama rostral es pequeña y no se extiende entre las internasales.
La coloración de fondo es gris, de amarillenta a pardo rojiza. Con o sin línea oscura que va desde el orificio nasal, los ojos, al cuello, pero presenta una brida oscura sobre el hocico que va de un ojo al otro. El dibujo dorsal consiste en barras transversales oscuras, en forma de dados, que están dispuestas irregularmente. Los costados presentan manchas oscuras indefinidas. Vientre claro, de amarillo a rojo anaranjado, con líneas longitudinales compuestas por manchas oscuras.

No venenosa, inofensiva.

▲ *Hábitat:* Preferentemente en llanuras, pero puede estar en regiones montañosas de hasta 1500

Distribución

Península Ibérica salvo en el norte, sur de Francia, Italia con Sicilia, oeste de África del Norte.

m de altitud. Terrenos secos con piedras y vegetación en el suelo, claros de los bosques, márgenes de los caminos con abundantes arbustos, laderas rocosas, terraplenes con cantos rodados, canteras abandonadas, terrenos baldíos entre zonas de cultivo, jardines con malezas.

▲ *Biología:* Activa durante el crepúsculo y por la noche. Más tranquila que la Culebra lisa europea, pero se defiende mordiendo.

▲ *Alimentación:* Sobre todo lagartos y gecos, muy rara vez ratones jóvenes.

▲ *Reproducción:* Ovípara (no ovovivípara como la Culebra lisa europea). Pone como máximo 8-10 huevos. Las crías salen a finales de agosto-septiembre.

▲ *Singularidades:* Más tranquila que la Culebra lisa europea *(Coronella austriaca).* El dibujo en U de la cabeza está abierto hacia delante. Ovípara.

Eirenis barani (SCHMIDTLER, 1988)
Familia culebras (Colubridae)
Subfamilia colubrinos (Colubrinae)
F Couleuvre naine de Baran I Baran's Dwarf Snake A Barans Zwergnatter

▲ *Características:* Longitud inferior a la de *E. modestus* emparentada, claramente inferior a los 40 cm.

Serpiente de tamaño medio, esbelta y de aspecto grácil, del género de las culebras enanas. Cabeza estrecha y poco definida. Ojos con pupila redonda.

Escamas corporales lisas. Diecisiete hileras de escamas dorsales hacia la mitad del cuerpo. Una escama loreal; 2 escamas postoculares. Escamas ventrales en el macho 138-156, en la hembra 156-165 (en comparación con 146-176 en los machos y 154-177 en las hembras, de *E. modestus).* Escamas subcaudales en número de 60-68 en el macho y de 54-62 en la hembra (en comparación con 61-81 en el macho y 63-72 en la hembra de *E. modestus).*

Coloración de fondo de gris amarillento a gris pardusco; dorso de dibujo uniforme. Escamas de la

La grácil *Eirenis barani* ha sido descubierta recientemente en el sudeste de Turquía y ha sido descrita hace muy poco.

parte anterior del dorso más oscuras en el centro que en los bordes. Tres barras transversales de color pardo oscuro en la cabeza y la nuca: una entre los ojos, una por encima de las escamas parietales y una en el cuello; los bordes de estas bandas transversales son rectos (no curvados en forma de media luna como en la *E. modestus).* La banda de encima de las escamas parietales llega hasta la sexta o séptima escama supralabial; la banda del cuello llega hasta las escamas temporales. Vientre uniforme de color blanco amarillento.

No venenosa, inofensiva.

▲ *Hábitat:* Laderas secas, pedregosas, con ligera vegetación de arbustos y hierbas, valles fluviales rocosos, praderas en bosques claros. En zonas montañosas hasta los 1100 m de altitud.

▲ *Biología:* Poco conocida, como en las demás especies de culebras enanas. Relativamente lentas. Viven muy ocultas; generalmente sólo se encuentran bajo las piedras. No se conoce nada sobre la hibernación.

▲ *Alimentación:* Hasta el momento desconocida, pero probablemente como la de las demás especies de culebras enanas; sobre todo insectos, escolopendras, escorpiones y lagartos pequeños.

▲ *Reproducción:* Ovípara. Se desconoce el número de huevos de las puestas.

▲ *Singularidades:* Serpiente pequeña, esbelta y asustadiza. Dorso de un solo color gris amarillento o gris pardusco. Tres bandas horizontales oscuras con bordes rectos en la cabeza y la nuca. Escamas de la parte anterior del dorso más oscuras en el centro que en los bordes.

Distribución

Hasta el momento sólo se conoce en la zona mediterránea de la provincia de Adana, al sur de Turquía.

Eirenis collaris (MENETRIÈS, 1832)
Familia culebras (Colubridae)
Subfamilia colubrinos (Colubrinae)
F Couleuvre naine à collier I Collared Dwarf Snake
A Halsband-Zwergnatter

▲ *Características:* Longitud sólo hasta 30 cm. Muy pequeña, cuerpo delgado como un lápiz. Cabeza pequeña, poco definida.
Escamas corporales lisas. Quince hileras de escamas dorsales hacia la mitad del cuerpo. Una escama loreal, 1 escama preocular, 2 escamas postoculares. Siete escamas supralabiales.
Coloración de fondo pardo amarillenta, amarillo arena o gris aceituna. Cada escama corporal parece más clara en el centro que en los bordes. Banda ancha y oscura en la nuca. La parte superior de la cabeza presenta manchas oscuras. Vientre de colorido claro uniforme.

No venenosa, inofensiva.

▲ *Hábitat:* Estepas. Laderas secas con arbustos y hierbas. Generalmente está escondida debajo de las piedras. En zonas montañosas

La delgadísima *Eirenis collaris* lleva una forma de vida muy oculta.

llega hasta los 1500 m de altitud.
▲ *Biología:* Serpiente lenta, que vive muy secretamente. Rara vez huye cuando es descubierta. Hibernación durante varios meses, que en febrero o marzo puede interrumpir en días soleados.
▲ *Alimentación:* Escorpiones, ciempiés, insectos, arañas y lagartos muy pequeños.

▲ *Reproducción:* Pone 4-8 huevos alargados de los que salen las crías en agosto-septiembre.
▲ *Singularidades:* Serpiente pequeña, del tamaño de un lápiz, con banda oscura en la nuca. Lenta y de vida oculta.

Distribución

Este de Turquía y sur de la CEI hasta el norte de Irán.

Eirenis coronella (SCHLEGEL, 1837)
Familia culebras (Colubridae)
Subfamilia colubrinos (Colubrinae)
F Couleuvre naine couronnée I Crowned Dwarf Snake
A Krönchen-Zwergnatter

▲ *Características:* Longitud media 25-35 cm. Cabeza estrecha y poco definida. Ojos con pupila redonda. Escamas corporales lisas. Quince hileras de escamas dorsales hacia la mitad del cuerpo. Dos escamas postoculares. Escama loreal.

Coloración de fondo parda a parda amarillenta. Dorso con aproximadamente 50 bandas transversales estrechas y oscuras. En la cabeza presenta una ancha banda oscura entre los ojos, que está unida con una banda larga y fre-

Eirenis coronella es una serpiente pequeña, poco llamativa, con una forma de vida muy oculta. Su dorso presenta un dibujo de bandas transversales delgadas y oscuras.

cuentemente algo pálida de la nuca. Vientre como en las demás culebras enanas, de un color de blanco amarillento a blanco.

No venenosa, inofensiva.

▲ *Hábitat:* Terrenos abiertos, secos, desde las llanuras hasta las zonas montañosas, con ligera vegetación arbustiva y muchas piedras. En general se encuentra debajo de las piedras planas.

▲ *Biología:* Poco conocida, en general muy parecida a la de las demás culebras enanas. Diurna, con un máximo de actividad por la mañana y por la tarde hasta el crepúsculo. Vive oculta.

▲ *Alimentación:* Sobre todo insectos y otros artrópodos, como pequeñas escolopendras; tal vez también pequeños lagartos.

▲ *Reproducción:* Ovípara. Se desconoce el número de huevos que pone.

▲ *Singularidades:* Serpiente pequeña, poco llamativa, que vive muy oculta. Banda transversal oscura en la parte superior de la cabeza entre los ojos, con una conexión con la banda nucal.

Distribución

Siria, Líbano, Israel, este de Egipto, Irak, sudeste de Turquía.

Eirenis decemlineatus (DUMERIL ET BIBRON, 1854)
Familia culebras (Colubridae)
Subfamilia colubrinos (Colubrinae)
F Couleuvre naine à dix lignes I Narrow-striped Dwarf Snake
A Zehnstreifen-Zwergnatter

▲ *Características:* Longitud media 50-65 cm, ejemplares grandes hasta 75 cm.

Cabeza estrecha y poco definida. Ojos con pupila redonda.

Escamas corporales lisas. Diecisiete hileras de escamas dorsales hacia la mitad del cuerpo. Una escama preocular y 2 escamas postoculares. Escama loreal pre-

Eirenis decemlineatus es una pequeña serpiente de actividad diurna que vive muy oculta.

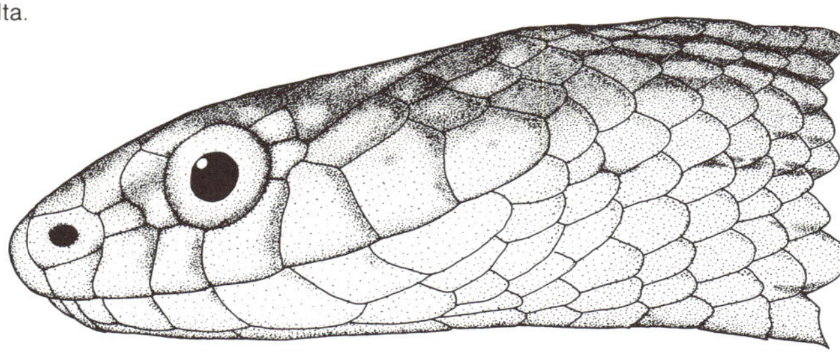

sente y claramente más larga que ancha. Siete escamas supralabiales, la tercera y cuarta en contacto con el borde inferior del ojo. Coloración de fondo pardo clara. Dorso con líneas longitudinales poco marcadas y oscuras, pudiendo destacar más las 4 centrales. La parte superior de la cabeza presenta manchas borrosas e irregulares. Sin banda en la nuca. Vientre de color crema blancuzco.

No venenosa, inofensiva.

▲ *Hábitat:* Laderas secas con arbustos y piedras, pero también bosques claros. Generalmente se esconde bajo las piedras o en agujeros del suelo.

▲ *Biología:* Poco conocida, seguramente muy parecida a la de otras culebras enanas. Diurna. Es lenta de movimientos y vive secretamente. No hiberna.

▲ *Alimentación:* Como las demás culebras enanas: insectos grandes (saltamontes, grillos), escolopendras, lagartos pequeños.

▲ *Reproducción:* Ovípara.

▲ *Singularidades:* Serpiente delgada y relativamente pequeña. En el dorso presenta líneas longitudinales oscuras, a veces poco marcadas. No tiene una banda oscura en la nuca. Lenta y de vida oculta.

Distribución

Sur de Turquía, Siria, Israel.

Eirenis eiselti (SCHMIDTLER & SCHMIDTLER, 1978)
Familia culebras (Colubridae)
Subfamilia colubrinos (Colubrinae)
F Couleuvre naine d'Eiselt I Eiselt's Dwarf Snake A Eiselts Zwergnatter

▲ *Características:* Longitud media 23-36 cm.
Culebra enana de tamaño medio. Cabeza poco definida.
Escamas corporales lisas. Quince hileras de escamas dorsales hacia la mitad del cuerpo. Una escama loreal, 1 escama preocular y 2 escamas postoculares. Siete escamas supralabiales.
Coloración de fondo de pardo amarillenta a pardo oscura. Dorso generalmente sin manchas, ocasionalmente con manchas irregulares, pequeñas y oscuras. En ocasiones, el centro de las escamas dorsales es algo más claro que el reborde. Cabeza con 3 bandas transversales oscuras: una por encima de la escama rostral, una entre los ojos y una sobre las escamas parietales.
Detrás de la cabeza presenta una banda nucal oscura, que ocupa sólo 4-6 escamas dorsales, que hacia los lados es manifiestamente corta (la más corta de todo el género) y que no sobrepasa la altura de la hendidura bucal, por lo cual no es visible desde abajo. Vientre de un color de blanco amarillento claro a blanco pardusco claro.
No venenosa, inofensiva.

No se sabe mucho acerca de la forma de vida de *Eirenis eiselti*, descubierta hace pocos años. Vive en la región sudoriental de Turquía.

▲ *Hábitat:* Desde las llanuras hasta las zonas montañosas de poca altitud. Terrenos abiertos, secos y con arbustos, árboles aislados y muchas piedras; ocasionalmente en bosques de robles claros. Se halla generalmente debajo de las piedras. En zonas montañosas se encuentra hasta una altitud de aproximadamente 1300 metros.
▲ *Biología:* Poco conocida, muy parecida a las del resto de culebras enanas. Activa, predominantemente por la mañana y al atardecer. Lenta y de vida oculta. Hiberna durante varios meses.
▲ *Alimentación:* Preferentemente insectos, pero también lagartos pequeños.
▲ *Reproducción:* No se conoce el número de huevos que pone, pero probablemente es como el de otras culebras enanas (3-8).
▲ *Singularidades:* Dibujo en tres partes de bandas horizontales oscuras en la cabeza, banda muy corta en la nuca, que no sobrepasa la hendidura bucal. Forma de vida oculta; es asustadiza.

La ancha banda nucal de *Eirenis eiselti* es llamativamente corta a los lados.

Distribución

Este de Turquía meridional.

Eirenis lineomaculatus (SCHMIDT, 1939)
Familia culebras (Colubridae)
Subfamilia colubrinos (Colubrinae)
F Couleuvre naine rayée I Striped Dwarf Snake A Längsgepunktete Zwergnatter

▲ *Características:* Longitud media 20-30 cm.
Estrecho parentesco con *Eirenis coronella.* Cabeza estrecha y poco definida. Ojos con pupila redonda.
Escamas corporales lisas. Diecisiete hileras de escamas dorsales hacia la mitad del cuerpo. Una escama postocular. Sin escama loreal.
Coloración de fondo parda, pardo aceituna, pardo amarillenta. Dorso con 4 hileras de manchas oscu-

Eirenis lineomaculatus recibe su nombre por las 4 hileras longitudinales de manchas del dorso.

ras, longitudinales, que parecen formar líneas longitudinales, fundiéndose las centrales en la parte anterior.
Dibujo característico en la cabeza: una raya longitudinal oscura a ambos lados de la escama frontal y otra raya longitudinal oscura detrás de las escamas parietales. Banda oscura y muy larga en la nuca. Vientre de un color de blanco amarillento a blanco pardusco, frecuentemente con un dibujo de manchas irregular.
No venenosa, inofensiva.
▲ *Hábitat:* Laderas secas, pedregosas y con ligera vegetación desde las llanuras hasta las zonas montañosas. Se encuentra debajo de las piedras.
▲ *Biología:* Poco conocida, pero seguramente se parece a la de las demás culebras enanas. Probablemente diurna, con máxima actividad por la mañana y por la tarde hasta el crepúsculo. Vive oculta y es muy lenta.
▲ *Alimentación:* Como el resto de las culebras enanas, artrópodos, insectos grandes como saltamontes y grillos y lagartos pequeños.
▲ *Reproducción:* Ovípara. El número de huevos es similar al de las demás especies de culebras enanas (3-8).
▲ *Singularidades:* Serpiente pequeña que vive oculta. En el dorso presenta 4 hileras longitudinales de manchas.

Distribución

Israel, Líbano, Siria, sudeste de Turquía, Irak.

Culebra enana

Eirenis modestus (MARTIN, 1838)
Familia culebras (Colubridae)
Subfamilia colubrinos (Colubrinae)
F Couleuvre naine It Colubro nano I Ringheaded Dwarf Snake
A Kopfbinden-Zwergnatter

▲ *Características:* Sólo alcanza los 50 cm de longitud.
Serpiente grácil, delgada como un lápiz. Cabeza poco definida. Ojos con pupila redonda. Escamas corporales lisas. Diecisiete hileras de escamas dorsales hacia la mitad del cuerpo. Una escama loreal, 2 escamas postoculares. Escamas ventrales, 146-176 en los machos y 154-177 en las hembras. Escamas subcaudales, 61-81 en los machos, y 63-72 en las hembras.
Coloración de fondo gris, de gris amarillenta a pardo arena. Escamas corporales más claras en el centro que en los rebordes, brillantes. Dorso sin dibujo. Cabeza con dibujo oscuro en tres partes; entre los ojos y delante de la banda oscura de la nuca presenta una raya transversal más ancha y clara que pasa sobre la parte superior de la cabeza. La banda curvada semilunar de la nuca está delimitada por un reborde claro. La banda oscura de encima de las escamas parietales también tiene forma de media luna. Las escamas ventrales son de blanquecinas a gris claras, con un fuerte brillo.
No venenosa, inofensiva.
▲ *Hábitat:* Laderas secas con escasa vegetación. En zonas monta-

La Culebra enana *(Eirenis modestus)* es activa durante el día y relativamente lenta. Su alimentación consiste en insectos, escorpiones, escolopéndridos y pequeños lagartos.

La característica más llamativa de la Culebra enana *(Eirenis modestus)* es la raya clara que limita la banda oscura de la nuca.

ñosas hasta los 1800 m de altitud. Se esconde bajo piedras y en grietas de las rocas.

▲ *Biología:* Diurna. Busca la sombra. Lenta y poco arisca cuando es descubierta.

Hiberna durante varios meses, que puede interrumpir en días soleados durante febrero.

▲ *Alimentación:* Escolopendras, escorpiones, insectos y lagartos pequeños.

▲ *Reproducción:* Pone 3-5 huevos alargados, relativamente grandes. Las serpientes jóvenes recién salidas del huevo miden aproximadamente 8-10 cm.

▲ Singularidades: Similares a las de *Eirenis collaris.* Banda oscura de la nuca con rebordes claros.

Distribución

Turquía, sur de la CEI hasta el norte de Irán.

Eirenis persicus (ANDERSON, 1872)
Familia culebras (Colubridae)
Subfamilia colubrinos (Colubrinae)
F Couleuvre naine de la Perse I Persian Dwarf Snake A Persische Zwergnatter

▲ *Características:* Longitud media 30-40 cm, las hembras ocasionalmente alcanzan los 50 cm.

Una serpiente pequeña, muy variable en su gran área de distribución. Cabeza larga y estrecha, poco definida del cuerpo. Ojos pequeños, con pupila redonda.

Eirenis persicus es una culebra enana de tamaño medio con la parte superior de la cabeza oscura y una gruesa banda en la nuca.

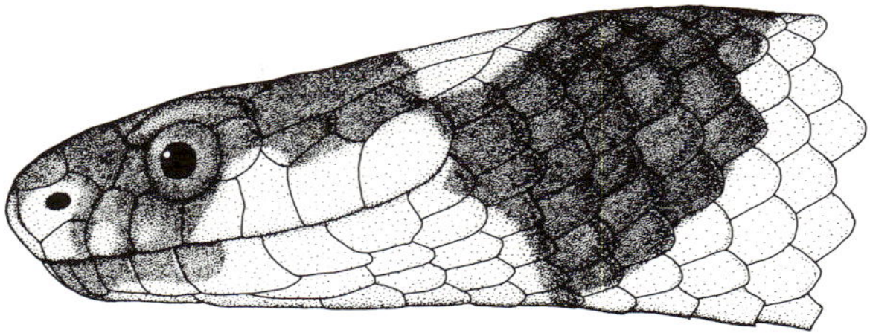

Escamas corporales lisas. Quince (rara vez 16) hileras de escamas dorsales hacia la mitad del cuerpo. Escama rostral considerablemente más ancha que alta. No presenta escama loreal. Una escama preocular, 1 escama postocular, 1 escama temporal en la primera y segunda líneas de detrás de la escama postocular. Siete (rara vez 8) escamas supralabiales, la tercera y cuarta tocando con el reborde inferior del ojo.

Coloración de fondo amarillenta, aceituna clara o gris amarillenta. Dorso sin manchas o con bandas transversales oscuras muy juntas entre sí en la mitad anterior del cuerpo, más hacia atrás son más borrosas y escasas. La parte superior de la cabeza es negra, a veces con una banda transversal poco marcada, más clara, directamente detrás de los ojos. La banda de la nuca es muy larga.

No venenosa, inofensiva.

▲ *Hábitat:* Zonas montañosas rocosas, secas, con escasa vegetación arbustiva, en ocasiones también en bosques claros, semisecos.

▲ *Biología:* Poco conocida. Predominantemente activa durante el crepúsculo, ocasionalmente también durante la noche. Vive ocultamente y se esconde debajo de las piedras o en las grietas de las rocas.

Hiberna.

▲ *Alimentación:* Insectos grandes (saltamontes, grillos), otros artrópodos, también pequeños lagartos.

▲ *Reproducción:* Ovípara.

▲ *Singularidades:* Culebra enana esbelta, de tamaño medio. Bandas transversales, próximas entre sí, en la mitad anterior del dorso (a veces sin dibujo); parte superior de la cabeza negra. Forma de vida oculta, activa durante el crepúsculo.

Distribución

En el área aquí descrita, sudeste de Turquía; fuera de ella, Irán, Turkmenistán en Rusia, Afganistán hasta el oeste de Pakistán.

Eirenis punctatolineatus (BOETTGER, 1892)
Familia culebras (Colubridae)
Subfamilia colubrinos (Colubrinae)
F Couleuvre naine d'Arménie I Armenian Dwarf Snake A Armenische Zwergnatter

▲ *Características:* Longitud media 30-50 cm.
Culebra enana delgada, de tamaño medio. Cabeza estrecha y poco definida. Ojos con pupila redonda.
Escamas corporales lisas. Diecisiete hileras de escamas dorsales hacia la mitad del cuerpo. Una escama loreal, 1 escama preocular, 2 escamas postoculares. Siete escamas supralabiales.
Coloración de fondo de gris a pardo gris rojiza. En el dorso presenta 7-8 hileras de manchas oscuras, en la parte delantera frecuentemente en forma de hileras dobles de manchas, en el tercio posterior y en la cola en forma de rayas longitudinales. La parte superior de la cabeza sin manchas o con puntos muy débiles. Sin banda en el cuello. La parte posterior de las escamas supralabiales con reborde oscuro. Vientre algo más claro, blanco grisáceo, sin manchas.
No venenosa, inofensiva.
▲ *Hábitat:* Laderas secas con escasa vegetación. En zonas montañosas en altitudes muy bajas, pero llegando a veces a los 1800 m de altitud.
▲ *Biología:* Poco conocida, pero similar a la de otras especies de culebras enanas. Rápida y asusta-

Eirenis punctatolineatus de tamaño medio y color gris, vive en las laderas secas de escasa vegetación en la región situada entre la parte oriental de Turquía, el extremo sur de la URSS y el norte de Irán. Es arisca y rápida, y vive oculta.

diza. Se esconde bajo las piedras, en grietas de las rocas y en las raíces de los arbustos. Hiberna.

▲ *Alimentación:* Predominantemente insectos (saltamontes, grillos, escarabajos), escolopendras, escorpiones pequeños, ocasionalmente también pequeños lagartos.

▲ *Reproducción:* Ovípara. Pone 3-8 huevos. Las serpientes jóvenes salen de los huevos de finales del verano hasta principios de otoño.

▲ *Singularidades:* Culebra enana gris, de tamaño medio y con varias hileras de manchas dispuestas longitudinalmente en la parte anterior del cuerpo, que en la parte posterior del cuerpo y la cola se funden formando líneas longitudinales. Arisca y rápida. Forma de vida oculta.

Distribución

Este de Turquía, norte de Irak, norte de Irán, norte de Siria.
subespecies:
E. p. kumerloevei (isla de Akdamar en el lago de Van, este de Turquía),
E. p. punctatolineatus (resto del área de distribución)

Eirenis rothi (JAN, 1863)
Familia culebras (Colubridae)
Subfamilia colubrinos (Colubrinae)
F Couleuvre de Roth I Roth's Dwarf Snake A Roths Zwergnatter

▲ *Características:* Longitud media 25-35 cm.

Cabeza pequeña y estrecha, poco definida. Ojos con pupila redonda.

Escamas corporales lisas. Quince hileras de escamas dorsales hacia la mitad del cuerpo. Dos escamas postoculares. Presenta escama loreal. Coloración de fondo gris pardusca, parda a pardo amarillenta. Dorso de un solo color; las puntas de las escamas dorsales frecuentemente presentan un puntito. El dibujo de la cabeza consiste en una mancha oscura en el hocico, una banda transversal oscura entre los ojos y otra banda transversal por encima de las escamas parietales, que llega hasta las escamas supralabiales. La banda oscura de la nuca es muy larga. El vientre es de gris blanquecino a blanco amarillento.

No venenosa, inofensiva.

▲ *Hábitat:* Laderas secas cubiertas de arbustos y piedras en llanuras y en regiones montañosas bajas. Se esconde bajo las piedras o en madrigueras de mamíferos pequeños.

▲ *Biología:* Poco conocida, seguramente muy parecida a la de las demás culebras enanas. Probablemente predomina el movimiento durante el día, con actividad máxima por la mañana y por la tarde. Se mueve con relativa

Eirenis rothi es una serpiente pequeña y poco llamativa con una banda muy larga en la nuca. Su alimentación consiste en insectos grandes como saltamontes, grillos y escarabajos.

lentitud y vive de forma oculta.

▲ *Alimentación:* Probablemente insectos grandes, como saltamontes, grillos y escarabajos; ciempiés, y además lagartos pequeños.

▲ *Reproducción:* Ovípara. Se desconoce el número de huevos que pone, pero seguramente es similar al de las demás culebras enanas.

▲ *Singularidades:* Serpiente pequeña, poco llamativa, con banda muy larga en el cuello y frecuentemente puntitos oscuros en las puntas de las escamas dorsales.

Distribución

En la región costera mediterránea oriental, desde Israel hasta el sur de Turquía.

Elaphe dione (PALLAS, 1773)
Familia culebras (Colubridae)
Subfamilia colubrinos (Colubrinae)
F Couleuvre de Dioné I Dione Snake A Steppennatter, Dione-Natter

▲ *Características:* Longitud hasta 100 cm (en Asia central hasta 150 cm). Serpiente esbelta. Cabeza poco definida. Ojos con pupila redonda.

Escamas corporales lisas. Veintitrés (a veces 25) hileras de escamas dorsales hacia la mitad del cuerpo. Ocho escamas supralabiales (en ocasiones también 7 o 9). Una escama preocular. Una escama subocular junto al borde anterior del ojo.

Coloración de fondo de gris clara

Elaphe dione es una serpiente esbelta, tranquila y de vida oculta.

a pardo rojiza. En el dorso, débil línea longitudinal con 3 bandas claras y 4 bandas oscuras con manchas dorsales oscuras poco marcadas que pueden estar dispuestas en formas de bandas transversales. Costados con manchas oscuras. Cabeza con dibujo en V o X, más claro en el centro. A los lados de la cabeza presenta una banda oscura en las sienes que pasa por los ojos. Vientre algo más claro que el dorso, con punteado.

No venenosa, inofensiva.

▲ *Hábitat:* Vive tanto en estepas como en zonas de bosques claros. En zonas montañosas en montones de piedras con vegetación arbustiva y también en los alrededores de zonas de cultivo. Llega hasta una altitud de 2000 m.

▲ *Biología:* Muy parecida a la de la Culebra leopardina *(Elaphe situla).* Serpiente diurna, pero que siempre vive de forma oculta. Se refugia debajo de las piedras. Terrestre, también vive en árboles huecos o en madrigueras subterráneas de roedores. Cuando se ve amenazada realiza movimientos laterales vibrantes de látigo con la cola.

Hiberna durante varios meses.

▲ *Alimentación:* Mamíferos pequeños, lagartos, serpientes, sapos, peces, pájaros y sus huevos.

Distribución

Turquía, sur de la CEI, pasando por Asia Central y China hasta Corea.
De las 2 subespecies, en el área aquí descrita sólo se encuentra *E. d. dione.*

Mata sus presas estrangulándolas.
▲ *Reproducción:* En esta especie se observa una fase previa al viviparismo, ya que tras la puesta, en los huevos de cáscara apergaminada se encuentran jóvenes serpientes ya completamente desarrolladas, que saldrán pocos días más tarde.
▲ *Singularidades:* Serpiente terrestre bastante esbelta, tranquila y de vida oculta. Hábitats variados.

Culebra de Hohenacker
Elaphe hohenackeri (STRAUCH, 1873)
Familia culebras (Colubridae)
Subfamilia colubrinos (Colubrinae)
F Couleuvre de Hohenacker I Caucasian Snake A Transkaukasische Kletternatter

▲ *Características:* Longitud máxima 70 cm.
Serpiente esbelta y relativamente pequeña, uno de los representantes más pequeños del género *Elaphe.* Cabeza poco definida. Ojos de tamaño medio, con pupila redonda.
Las escamas corporales de la parte anterior del cuerpo son lisas, las de la parte posterior, algo carenadas. Veintitrés (rara vez 25) hileras de escamas dorsales hacia la mitad del cuerpo. Ocho esca-

La relativamente pequeña Culebra de Hohenacker *(Elaphe hohenackeri)* es arisca y pacífica. Parece ser que su existencia está gravemente amenazada en Turquía, el sur de Rusia y el norte de Irán.

mas supralabiales, rara vez también 7 o 9. Sólo 1 escama preocular. Coloración de fondo de parda grisácea clara a parda oscura. Dibujo dorsal consistente en manchas oscuras, alternas, que pueden simular una banda ondulada, y entre las cuales discurre una línea clara longitudinal desde la cabeza hasta la punta de la cola. Los costados presentan barras y puntos oscuros. Banda oscura en las sienes que va desde los ojos a las comisuras bucales; debajo del ojo presenta una mancha oscura. En la nuca frecuentemente existe una mancha en forma de horquilla dirigida hacia atrás. Vientre de pardo grisáceo a gris amarillento, con puntos rojo oscuros o anaranjado oscuros.

No venenosa, inofensiva.

▲ *Hábitat:* Laderas secas de montañas, cubiertas de arbustos y árboles. Bosques abiertos, valles fluviales estrechos y desfiladeros. En la montaña llega hasta los 3000 m.

▲ *Biología:* Su comportamiento es similar al de la Culebra leopardina *(Elaphe situla)*. Lleva una vida diurna, pero oculta. Se esconde en matorrales densos y debajo de las piedras. Muy arisca. La hibernación puede durar 4-7 meses.

▲ *Alimentación:* Mamíferos pequeños (ratones), también lagartos.

▲ *Reproducción:* Ovípara. Pone sólo 3-8 huevos. Nacen en agosto.

▲ *Singularidades:* Culebra trepadora, pequeña y pacífica. Lleva una vida oculta y está en extinción.

Distribución

Turquía, Transcaucasia en la CEI, norte de Irán.
2 subespecies:
E. h. hohenackeri (oeste, centro y este de Turquía, Transcaucasia en la URSS, norte de Irán),
E. h. taurica (sur de Turquía en la región de las montañas de Tauro).

Culebra de Esculapio

Elaphe longissima (LAURENTI, 1768)
Familia culebras (Colubridae)
Subfamilia colubrinos (Colubrinae)
Cat Serp d'Esculapi Vas Suge-tzar F Couleuvre d'Esculape It Colubro di Esculapio I Aesculapian Snake A Äskulapnatter

▲ *Características:* Longitud media 140-160 cm, puede alcanzar incluso los 200 cm.

Culebra grande y fuerte, pero que a pesar de ello parece esbelta. Es una de las serpientes más grandes de Europa. Cabeza estrecha y algo definida. Ojos de tamaño medio con pupila redonda.

Escamas corporales lisas, brillantes. Veintitrés hileras de escamas dorsales hacia la mitad del cuer-

La Culebra de Esculapio *(Elaphe longissima)* es la culebra trepadora más conocida en Europa. Se la encuentra frecuentemente en las ramas de los arbustos. Con sus escamas ventrales carenadas puede trepar incluso a árboles de corteza áspera.

po (rara vez 21). Ocho (a veces 9) escamas supralabiales. Una escama preocular. Las escamas ventrales presentan un ligero carenado a cada lado.

Coloración de fondo pardo amarillenta, de tonos aceitunados, pardo grisácea o negro grisácea. Muchas escamas dorsales y de los costados con bordes blancos, formando un vago dibujo de líneas longitudinales. A veces, presenta una línea longitudinal borrosa y oscura en los costados. La parte superior de la cabeza no presenta dibujo; a veces tiene una banda oscura en las sienes que va desde el ojo hacia atrás hasta el cuello. Vientre de blanquecino a amarillo o verde amarillento. Los animales jóvenes presentan un dibujo más marcado: con manchas dorsales oscuras sobre fondo claro; cabeza con banda transversal oscura sobre el hocico, en la nuca dibujo en U o V más oscuro, dirigido hacia atrás, una banda marcada y oscura en las sienes y una mancha de color amarillo claro detrás de cada banda en la parte posterior de los laterales de la cabeza (puede confundirse con la Culebra de collar).

No venenosa, inofensiva.

▲ *Hábitat:* Biotopos soleados en llanuras y laderas orientadas al sur en zonas montañosas. Gusta de las orillas de los ríos y los claros de los bosques, de laderas cubiertas de densos matorrales y piedras, muros de piedra, ruinas, canteras abandonadas, los márgenes de zonas de cultivo y de la proximidad de zonas pantanosas. Necesita un cierto grado de hu-

medad y prefiere climas moderados sin excesivas variaciones de temperatura. En zonas montañosas llega hasta los 1500 m o más.
▲ *Biología:* Serpiente sobre todo terrestre que vive en arbustos bajos, pero que trepa, incluso a árboles de corteza áspera con la ayuda de sus escamas ventrales carenadas. Activa durante el día y el crepúsculo. Toma largos baños de sol pero se retira del calor excesivo. Se mueve de forma elegante, rápida y silenciosa. Poco agresiva, incluso si es apresada. Hiberna durante 5-6 meses.
▲ *Alimentación:* Mamíferos pequeños, sobre todo ratones; lagartos, pájaros, sus huevos y crías. Las culebras jóvenes devoran pequeños lagartos y ratones jóvenes. Las presas son comprimidas y estranguladas.
▲ *Reproducción:* Ovípara. El apareamiento tiene lugar en mayo con un largo galanteo y mordedura en la nuca por parte del ma-

La culebra de Esculapio *(Elaphe longissima)* es una especie de serpiente que desde la Antigüedad ha jugado un importante papel en la simbología y mitología.
Así, desde hace siglos la Culebra de Esculapio ha sido considerada como un símbolo del arte de sanar, y en la ciudad del centro de Italia de Cucullo es exhibida cada año en una procesión religiosa.

cho. Los machos agotan sus fuerzas durante la época de apareamiento en sus luchas, en la que un macho intenta aplastar al otro. Nunca se producen lesiones.
En julio, la hembra pone 5-10 huevos alargados, de cáscara blanda, sobre el suelo húmedo o material vegetal en descomposición, debajo de piedras, en troncos de árboles o en grietas de muro. Las crías salen en septiembre.
▲ *Singularidades:* Serpiente muy grande, esbelta, que se mueve con elegancia. Escamas corporales con bordes blancos que forman un dibujo de líneas característico. Luchas entre machos durante la época de apareamiento. Al igual que la Culebra de cuatro rayas *(Elaphe quatuorlineata),* las culebras de Esculapio son exhibidas durante la procesión religiosa de Cucullo, en Italia central.
En las áreas de distribución marginales, la especie está gravemente amenazada de extinción y fuertemente protegida.

Distribución

Desde el noreste de España, los Pirineos y los Montes Cantábricos, pasando por Francia central, Suiza, Austria, Italia, Alemania (restos), Checoslovaquia, el sur de Polonia, y los países balcánicos hasta Grecia, el sudoeste de la CEI hasta Turquía, Transcaucasia y el norte de Irán.
En el área aquí descrita se encuentran 2 subespecies:
E. l. romana (centro y sur de Italia con Sicilia),
E. l. longissima (en el resto del área de distribución).

Culebra de cuatro rayas

Elaphe quatuorlineata (LACÉPÈDE, 1789)
Familia culebras (Colubridae)
Subfamilia colubrinos (Colubrinae)
F Couleuvre à quatre lignes It Cervone I Fourlined Snake
A Vierstreifennatter

▲ *Características:* Longitud media 130-160 cm, ocasionalmente puede sobrepasar los 200 cm.
Culebra grande y fuerte. Cabeza grande, bastante bien definida. Ojos de tamaño medio, con pupila redonda.
Escamas corporales ligeramente carenadas. Generalmente 25 hileras de escamas dorsales hacia la mitad del cuerpo (rara vez 23 o 27). Escamas grandes en la parte superior de la cabeza. Una escama preocular a cada lado. Una escama subocular junto al borde anterior del ojo. Ocho escamas supralabiales (ocasionalmente 9).
Coloración de fondo pardo amarillenta, de amarillo pajiza a amarillo anaranjada. El dibujo del dorso es claramente distinto en las dos subespecies:
La forma occidental *(quatuorlineata)* presenta 4 rayas longitudina-

les fuertes, de color pardo oscuro en el dorso, que se van difuminando hacia la cola.
La forma oriental *(sauromates)*, en lugar de la raya longitudinal presenta manchas transversales ovaladas y oscuras, que recuerdan el dibujo de los animales jóvenes. Raya oscura que va desde los ojos hasta las comisuras bucales.
El dibujo de los animales jóvenes es muy llamativo: sobre fondo claro, manchas transversales ovaladas y oscuras, bien delimitadas y bandas oscuras en la cabeza y las sienes. El dibujo de los adultos aparece después de 2-3 años.
El vientre es amarillento, pero frecuentemente tiene puntos oscuros o también hileras de manchas oscuras.
No venenosa, inofensiva.
▲ *Hábitat:* Zonas montañosas bajas cubiertas de piedras y arbus-

La culebra de cuatro rayas *(Elaphe quatuorlineata)* es una serpiente grande y muy tranquila. Es una excelente trepadora y buena nadadora.

Las crías de la Culebra de cuatro rayas *(Elaphe quatuorlineata)* son portadoras de un llamativo dibujo de manchas que se va perdiendo lentamente en el curso del desarrollo. El dibujo del animal adulto se alcanza después de 2-3 años.

Elaphe quatuorlineata quatorlineata (arriba) se caracteriza por presentar cuatro rayas longitudinales de color pardo oscuro sobre fondo claro.

La subespecie oriental de la Culebra de cuatro rayas *(Elaphe quatuorlineata sauromates)*, que habita en el área que se extiende desde el sur de Bulgaria hasta el Turkmenistán, conserva durante toda la vida un dibujo de manchas transversales redondas que es similar al de las crías (abajo).

tos, bosques claros y lindes de los bosques; muros, márgenes de arroyos o charcas en zonas pantanosas, cerca de ruinas. Sombra y zonas cálidas y húmedas.

▲ *Biología:* Serpiente flemática, en caso de amenaza silba pero no muerde. Activa sobre todo durante el día y el crepúsculo. Buena trepadora y nadadora. Huye despacio y confía con su coloración de camuflaje.

Hiberna durante 3-6 meses, dependiendo de la región climática.

▲ *Alimentación:* Mamíferos pequeños (ratones), pájaros y sus crías, lagartos, sapos, a veces también polluelos en las granjas. Mata sus presas por estrangulamiento.

▲ *Reproducción:* Ovípara. Apareamiento de marzo a mayo. Pone 6-16 huevos en el suelo debajo de piedras o en los agujeros. El tiempo de maduración de los huevos es de 50-60 días. Las crías salen de los huevos en septiembre y se alimentan de lagartos pequeños y ratones jóvenes.

▲ *Singularidades:* Serpiente muy grande, algo **flemática.** La forma occidental presenta 4 rayas longitudinales oscuras en el dorso; la oriental, manchas transversales ovaladas y oscuras. En la procesión religiosa de Cucullo, en Italia central, se exhiben principalmente culebras vivas de cuatro rayas en honor de San Dominico.

Distribución

Desde Italia central y meridional y Sicilia, pasando por el oeste de Yugoslavia, Grecia, el sur de Bulgaria, muchas islas del Egeo y oeste de Turquía hasta el sur de Rusia y el Turkmenistán.

3 subespecies:
E. q. quatuorlineata (oeste del área de distribución hasta Grecia y Turquía),
E. q. rechingeri (isla de Amorgos, en el Egeo),
E. q. sauromates (este del área de distribución desde el sur de Bulgaria hasta el Turkmenistán).

Culebra de escalera

Elaphe scalaris (SCHINZ, 1822)
Familia culebras (Colubridae)
Subfamilia colubrinos (Colubrinae)
Cat Serp blanca Vas Suge Port Cobra-de-escada F Couleuvre à échelons It Colubro bilineato I Ladder Snake A Treppennatter

▲ *Características:* Longitud media alrededor de 100 cm, ocasionalmente 150 cm o algo más.

Serpiente fuerte y grande, con hocico algo puntiagudo. Cabeza algo definida y de aspecto triangular. Ojos con la pupila redonda. Escamas corporales lisas. Generalmente 27 (a veces 25 o 29) hileras de escamas dorsales hacia la mitad del cuerpo. 7-9 escamas supralabiales, la cuarta y quinta

La Culebra de escalera *(Elaphe scalaris)* se caracteriza por dos llamativas rayas longitudinales oscuras sobre fondo claro. Esta fuerte serpiente silba como reacción de amenaza (arriba).

Las crías de la Culebra de escalera *(Elaphe scalaris)* llevan un característico dibujo en "escalera de cuerda" que aún se puede observar en los animales semiadultos; los adultos, en cambio, presentan dos líneas longitudinales (abajo).

tocando el borde inferior del ojo. Una gran escama preocular.
Coloración de fondo amarilla, pardo amarillenta o pardo rojiza. Dibujo dorsal consistente en 2 líneas longitudinales oscuras y marcadas.
Los animales jóvenes presentan un llamativo dibujo consistente en manchas transversales en forma de H que forman una "escalera de cuerda". Este dibujo se pierde con el tiempo. En los costados, hilera de manchas irregulares, sueltas. En la cabeza presenta una banda débil en las sienes. Vientre de color blanco amarillento, más oscuro en la parte posterior del cuerpo.
No venenosa, muerde ferozmente.
▲ *Hábitat:* Laderas secas cubiertas de piedras y matorrales, bosques abiertos, viñedos y jardines abandonados, lindes de campos, muros, ruinas, bordes de carreteras, zonas áridas entre campos de cultivo. En la montaña hasta una altitud máxima de 1000 m.

▲ *Biología:* Serpiente terrestre activa durante el día y el crepúsculo, que en caso de mucho calor traspasa la actividad a la noche. Buena trepadora. Muy rápida y agresiva. Muerde fieramente cuando es apresada.
Hiberna durante 4-6 meses.
▲ *Alimentación:* Mamíferos pequeños, pájaros y sus crías. Los animales jóvenes comen lagartos pequeños, saltamontes y grillos. Mata sus presas por estrangulamiento.
▲ *Reproducción:* Ovípara. Apareamiento en abril-mayo. En julio-agosto ponen 6-20 huevos de los cuales saldrán las crías 6-12 semanas más tarde.
▲ *Singularidades:* Serpientes fuertes con 2 llamativas líneas longitudinales oscuras, sobre fondo claro. Los animales jóvenes presentan un dibujo en forma de "escalera de cuerda". Silba fuertemente en caso de amenaza. Comprime y mata por estrangulamiento a sus presas.

Distribución

Península Ibérica excepto en el norte; sur de Francia, en la costa mediterránea, Menorca.

Culebra leopardina

Elaphe situla (LINNAEUS, 1758)
Familia culebras (Colubridae)
Subfamilia colubrinos (Colubrinae)
F Couleuvre léopardine It Colubro leopardino I Leopard Snake
A Leopardnatter

▲ *Características:* Longitud generalmente 70-90 cm, ocasionalmente también alcanzan algo más de 100 cm. Serpiente de tamaño medio, esbelta, con dibujo multicolor. Cabeza estrecha y bien definida. Ojos de tamaño medio, con pupila redonda.

La Culebra leopardina *(Elaphe situla)* puede ser considerada como la serpiente más bonita de Europa por su viva coloración y su dibujo.

Escamas corporales lisas. Generalmente 27 (ocasionalmente 25 o 29) hileras de escamas hacia la mitad del cuerpo. Ocho, más raramente 7 o 9, escamas supralabiales. 1 gran escama preocular, el doble de alta que ancha.
Coloración de fondo gris claro, gris amarillenta o azul grisácea. Dibujo muy llamativo: en el dorso presenta una hilera longitudinal de manchas ovaladas, rojo ladrillo o rojo parduscas con bordes oscuros; en los costados manchas oscuras dispuestas de forma alterna respecto a las manchas del dorso. A veces existe una variedad de líneas longitudinales, pero también de color rojizo. En la cabeza presenta una mancha oscura en el hocico, una banda transversal oscura y curvada hacia atrás delante de los ojos, y una segunda banda que va desde las comisuras bucales hasta detrás de los ojos. Manchas oscuras en algunas escamas supralabiales y sublabiales. Raya longitudinal oscura que va desde la escama frontal pasando por las escamas parietales hasta la nuca. Vientre de color blanco amarillento en la parte anterior y más oscuro en la posterior. **No venenosa, muerde fieramente.**

▲ *Hábitat:* Llanuras y regiones bajas. Rara vez se encuentra por encima de los 500-700 m de altitud. Habita una gran variedad de hábitats soleados, pero con vegetación abundante de matorrales, hierbas y arbustos, piedras y muros que proporcionan abundantes escondrijos. Lindes de campos, laderas pedregosas, orillas de arroyos y ríos, proximidades de pozos y cisternas, taludes de carretera, ruinas y jardines con malezas.

▲ *Biología:* Serpiente terrestre activa durante el día, pero que también trepa bien a rocas y matorrales. Fuerte ritmo de actividad con

Incluso el ojo de la Culebra leopardina *(Elaphe situla)* brilla en tono rojizo.

La Culebra leopardina se ha adaptado a una gran variedad de hábitats. Por la acusada disminución de ejemplares de esta especie, actualmente está protegida por la ley.

un baño de sol por la mañana, reposo en la sombra al mediodía y actividad principal por la tarde hasta el crepúsculo.

No es muy rápida; permanece en un lugar quieta mucho tiempo antes de huir del peligro.

Sin embargo, muerde fieramente al ser sujetada. Hace vibrar la cola como reacción de amenaza.

Hiberna durante varios meses,

Distribución

Sur de Italia, Malta, países balcánicos occidentales, Grecia con Creta y las islas Cícladas, Crimea, norte y oeste de Turquía.

y empieza muy pronto, a finales de septiembre-comienzos de octubre.

▲ *Alimentación:* Prefiere ratones, también pájaros y lagartos.

▲ *Reproducción:* Ovípara. Apareamiento con un juego que puede durar varias horas. Deposita 3-5 huevos en suelo húmedo debajo de las piedras o en madrigueras. Las crías salen en agosto-septiembre y se alimentan de pequeños lagartos.

▲ *Singularidades:* Es la serpiente más bonita de Europa, con una llamativa coloración y dibujo (manchas dorsales rojas con bordes oscuros). Relativamente lenta. Coloniza hábitats muy variados. Esta especie está amenazada de extinción al ser capturada para terrarios, está muy protegida.

Lytorhynchus diadema (DUMERIL ET BIBRON, 1854)
Familia culebras (Colubridae)
Subfamilia colubrinos (Colubrinae)
F Couleuvre á tête de poinçon I Awl-headed Snake A Gekrönte Schnauzennatter

▲ *Características:* Longitud 35-45 cm. Serpiente pequeña, corta y grácil. Cabeza alargada y puntiaguda, algo definida. Ojos grandes con pupila redonda.

El hocico presenta una protuberancia, por lo cual la boca queda escondida. Escama rostral muy aumentada, con un borde recto y agudo en la parte anterior similar a una pala de cavar.

Escamas corporales lisas. Diecinueve hileras de escamas dorsales hacia la mitad del cuerpo. Escama frontal corta y ancha. Una gran escama loreal. Dos escamas preoculares, debajo una pequeña escama subocular. Dos escamas postoculares, 7 (rara vez 8) escamas supralabiales, la cuarta y quinta tocando con el borde inferior del ojo.

Coloración de fondo pardo claro a pardo amarillento. Dibujo dorsal consistente en una hilera de manchas oscuras rectangulares o romboidales. Costados con manchas más pequeñas, dispuestas alternadamente. La parte superior de la cabeza en general presenta una banda transversal oscura a la altura de los ojos, que está unida a un dibujo en forma de diadema en la nuca. Banda oscura en las sienes que va desde los ojos hasta las comisuras bucales. Vientre de color crema claro.

No venenosa, inofensiva.

▲ *Hábitat:* Estepas hasta márgenes de los desiertos. Terrenos secos pedregosos con escasa vegetación. En zonas montañosas hasta los 2000 m de altitud.

▲ *Biología:* Activa durante el crepúsculo y la noche. Arisca y de vida oculta. Puede encontrarse a primeras horas de la mañana tomando el sol. Utiliza el hocico para cavar en el suelo. Si se siente amenazada se enrolla y esconde la cabeza bajo su cuerpo.

▲ *Alimentación:* Predominantemente lagartos, también artrópodos grandes (por ejemplo, saltamontes, grillos o escolopéndridos).

▲ *Reproducción:* Ovípara. Pone

La grácil *Lytorhynchus diadema* utiliza su grueso hocico para enterrarse en el suelo. Rara vez se la puede encontrar a primera hora de la mañana tomando un baño de sol.

3-5 huevos que son grandes y alargados.
▲ *Singularidades:* Serpiente arisca, grácil, con hocico muy engrosado, en forma de pala de cavar, y dibujo en forma de diadema en la cabeza y la nuca. Excava en el suelo. Bajo número de crías.

Distribución

N. de África desde Argelia hasta Egipto, Israel, Siria, Península Arábiga hasta Irán.

Culebra viperina

Natrix maura (LINNAEUS, 1758)
Familia culebras (Colubridae)
Subfamilia natricinos (Natricinae)
Cat Serp d'aigua Gall Cobra Vas Suge Port Cobra-de-agua-viperina
F Couleuvre vipérine It Biscia viperina I Viperine Grass Snake
A Vipernatter

▲ *Características:* Longitud 60-80 cm, ocasionalmente las hembras viejas alcanzan los 100 cm de longitud o algo más. Es el natricino europeo más pequeño. Cabeza bien definida, algo puntiaguda. Ojos de tamaño medio, un poco orientados hacia

El oscuro dibujo de zigzag del dorso, y el comportamiento de advertencia –con aplanamiento de la cabeza, silbido y ataques con la boca cerrada– le han dado el nombre a la Culebra viperina *(Natrix maura)*. ¡A pesar de ello, esta serpiente es inofensiva! (arriba)

En las Culebras viperinas *(Natrix maura)* jóvenes, el dibujo con una banda oscura en zigzag en la parte anterior del dorso está más marcado que en los animales adultos (abajo).

Existen muchas variaciones de color y dibujo en la Culebra viperina *(Natrix maura)*. Son especialmente llamativos los animales oscuros con rayas longitudinales amarillentas y claras que se encuentran en el sur de España y Mallorca.

arriba y con la pupila redonda. Escamas corporales muy carenadas. Veintiuna (rara vez 19 o 23) hileras de escamas dorsales hacia la mitad del cuerpo. Dos escamas preoculares, 2 (rara vez 3) escamas postoculares. Escamas craneales grandes y lisas.
Coloración de fondo gris aceituna, gris verdosa, gris piedra a parda, anaranjada amarillenta o parda rojiza. En la mitad del dorso presenta una serie de manchas oscuras, angulosas que pueden unirse para formar una banda en zigzag. En los flancos presenta manchas oscuras, redondas con centro claro y dispuestas de forma alterna. Cabeza con 1 o 2 bandas en forma de V abiertas hacia atrás, sienes con un dibujo oscuro, que frecuentemente va hasta las comisuras bucales. Vientre blanquecino, amarillento o rojizo, con manchas oscuras cuadrangulares, que a veces parecen borrosas.

No venenosa, inofensiva.
▲ *Hábitat:* En llanuras y zonas montañosas bajas cerca de aguas estancadas o de poca corriente con abundante vegetación en las orillas, en torrentes de montaña y en prados húmedos. Llega hasta una altitud de 1500 m.
▲ *Biología:* Diurna. Generalmente se encuentra directamente en la orilla. Nada y bucea excelentemente y en caso de peligro se retira silenciosamente al agua. Cuando se siente amenazada silba fieramente, aplana el cuerpo y la cabeza y embiste repetidamente con la boca cerrada. Este comportamiento produce una impresión muy similar a la de una víbora y provoca confusiones.

Cuando es capturada a menudo vacía el maloliente contenido de su glándula anal.
Hiberna durante 3-5 meses.

▲ *Alimentación:* Peces, sapos, ranas, tritones y renacuajos.

▲ *Reproducción:* Ovípara. La hembra pone 4-15 huevos, a veces hasta 20, en julio en lugares húmedos de la tierra. Las crías saldrán de los huevos 40-45 días más tarde y se alimentarán de peces pequeños.

▲ *Singularidades:* Debido a su oscuro dibujo en zigzag en el dorso, el marcado dibujo en la cabeza y el comportamiento defensivo con aplanamiento de la cabeza, silbado y pseudomordedura, la Culebra viperina frecuentemente es confundida con una víbora y es aniquilada aunque sea completamente inofensiva. Muy ligada a la vida en el agua. Manchas oscuras características con centro claro en los flancos.

Distribución

Península Ibérica, Baleares, sur de Francia, sudoeste de Suiza, noroeste de Italia, Baleares, Îles d'Hyères y África del Norte occidental.

Natrix megalocephala (ORLOV & TUNIYEV, 1987)
Familia culebras (Colubridae)
Subfamilia natricinos (Natricinae)
F Couleuvre à tête grande I Bigheaded Grass-Snake
A Grosskopf-Ringelnatter

▲ *Características:* Longitud media 80-120 cm.
Culebra de tamaño medio a grande. En proporción la cabeza es muy grande y maciza. Ojos grandes con pupila redonda.
Escamas corporales lisas. 18-19 hileras de escamas dorsales hacia la mitad del cuerpo. Escamas de la parte superior de la cabeza aumentadas y con una superficie que forma relieve. Una escama preocular, 3 escamas postoculares. 7 (rara vez 8) escamas supralabiales, las tres últimas muy grandes, la tercera y cuarta tocan con el borde inferior del ojo.
Coloración del dorso y de los flancos negra, sin manchas. La parte superior de la cabeza también presenta un color negro uniforme, la parte inferior de la cabeza es blanquecina. Las escamas sublabiales y en parte las escamas supralabiales son de color claro, delimitadas en el borde posterior por una banda oscura. Solamente las serpientes recién salidas del huevo presentan las claras "manchas de los natricinos" a ambos lados de la parte posterior de la cabeza, las cuales desaparecen cuando crecen. Vientre de color negro grisáceo, en la mitad anterior con manchas claras; en la mitad posterior y en la parte inferior de la cola completamente negro.

Natrix megalocephala, descubierta hace sólo unos pocos años, se caracteriza por su cabeza llamativamente grande y por su color corporal negro.

Las escamas de la parte superior de la cabeza de *Natrix megalocephala* presentan un dibujo en relieve.

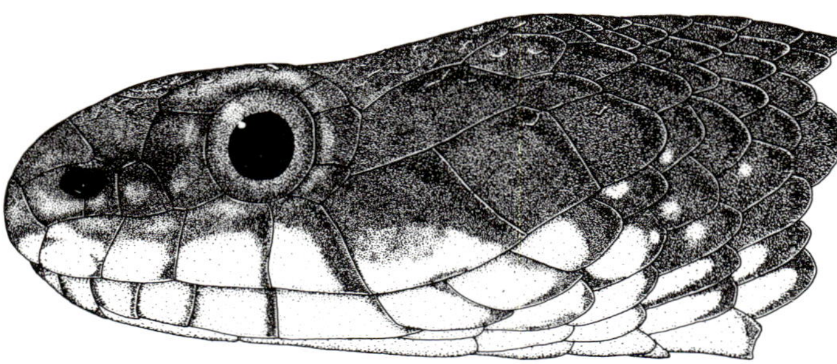

Distribución

Área de distribución limitada (endémica) que va desde la orilla este del Mar Negro hasta las laderas del oeste y sur del Cáucaso. Se encuentra en la zona de las ciudades de Tuapse y Batumi junto con *Natrix natrix persa*.

No venenosa, inofensiva.
▲ *Hábitat:* Bosques abiertos, prados y lindes de bosques. Orillas de aguas estancadas y torrentes, márgenes de campos, plantaciones de té. En la montaña del Cáucaso llega a los 1500 m de altitud.
▲ *Biología:* Diurna. En verano sólo por la mañana y por la tarde está fuera de la sombra y de los escondites. En primavera y otoño es activa durante todo el día. Arisca y sólo rara vez se puede observar. Nada bien, se retira en caso de peligro también al agua y puede esconderse en los ríos.
Hiberna en las llanuras de la costa del Mar Negro desde noviembre a marzo (4 meses), en zonas montañosas desde finales de septiembre hasta finales de abril.
▲ *Alimentación:* Sobre todo batracios (tritones, sapos, ranas), ocasionalmente también peces.
▲ *Reproducción:* Ovípara. Ponen hasta 15 huevos. Estos son más grandes que los de la Culebra de collar *(Natrix natrix)* o de la Culebra teselada *(Natrix tessellata).*
▲ *Singularidades:* Natricino oscuro, predomina y destaca el color negro, con cabeza llamativamente grande. Los animales adultos no presentan manchas claras en la parte posterior de la cabeza. Está bien adaptada a las aguas corrientes. Alimentación especializada en batracios. Fue descubierta hace poco y descrita por primera vez en 1987.

Culebra de collar

Natrix natrix (LINNAEUS, 1758)
Familia culebras (Colubridae)
Subfamilia natricinos (Natricinae)
Cat Serp de collaret Gall Cobra Vas Suge Port Cobra-de-agua-de-colar
F Couleuvre à collier It Biscia da collare I Grass Snake
A Ringelnatter

▲ *Características:* Los machos presentan una longitud media de 60-70 cm, las hembras 80-100 cm; los ejemplares muy grandes pueden alcanzar los 180-200 cm.
Son natricinos bastante grandes y fuertes. Las hembras son bastante más largas y gruesas que los machos. Cabeza muy bien definida. Ojos con pupila redonda.
Escamas corporales muy carenadas. Diecinueve hileras de escamas dorsales alrededor de la mitad del cuerpo. La parte superior de la cabeza presenta escamas grandes. Generalmente 7 (ocasionalmente 6 u 8) escamas supralabiales, la tercera y cuarta tocando con el borde inferior del ojo. Una escama preocular y generalmente 3-4 escamas postoculares que sin embargo puede reducirse a 1 o 2. Coloración de fondo gris acero, gris verdosa o gris aceituna. A veces se hallan ejemplares total o parcialmente negros (melanismo). En el dorso y los flancos presentan manchas irregulares, oscuras –en algunas poblaciones 2 líneas longitudinales claras a lo largo del dorso (subespecie *persa*), y en otras barras transversales anchas y oscuras en los flancos (subespecie *helvetica*). En casi

La Culebra de collar *(Natrix natrix)* es la serpiente más frecuente del centro y sur de Europa. Se la reconoce de inmediato por las manchas semilunares blancas o amarillentas con bordes oscuros a ambos lados de la parte posterior de la cabeza.

todas las formas (excepción subespecie *astreptophora*) se encuentra en la parte posterior de la cabeza y a cada lado una "mancha en media luna" amarilla, blanca o rojo anaranjada que en el extremo posterior está delimitada por una mancha oscura y ancha. Este dibujo nucal puede fundirse formando una banda clara con filete oscuro en la nuca. Los extremos posteriores de las escamas supralabiales están rodeadas por una raya negra. Vientre gris blanquecino o amarillento, con un dibujo oscuro similar a un tablero de ajedrez.

No venenosa, inofensiva.

▲ *Hábitat:* Prefiere la proximidad del agua. Orillas de lagos, pantanos, estanques, arroyos y ríos, zonas pantanosas y cenagales. También se encuentra en jardines, prados, canteras, claros y lindes de los bosques y ruinas; en islas en zonas más húmedas. En zonas montañosas habita en altitudes de hasta 2300 m.

▲ *Biología:* Especialmente diurna. Nada y bucea muy bien, pero está menos ligada al agua que la Culebra viperina *(Natrix maura)* o la Culebra teselada *(Natrix tessellata).* Comienza el día con un prolongado baño de sol. Bastante esquiva y sigilosa. En caso de peligro se retira en silencio al agua o a un escondite. Pero, cuando se siente amenazada silba fieramente. Al ser capturada no muerde, sino que vacía el líquido apestoso

En esta fotografía de una joven Culebra de collar *(Natrix natrix)* destacan las manchas semilunares que caracterizan a esta especie (arriba).

La culebra de collar *(Natrix natrix)* presenta colores y dibujos muy variables en su inmensa área de distribución –incluso existen ejemplares completamente negros (abajo).

La Culebra de collar *(Natrix natrix)* se alimenta en primer lugar de batracios y peces. Engulle sus presas vivas sin estrangularlas previamente. No es raro que la presa sea más grande que la cabeza de la serpiente (arriba).

Las hembras de la Culebra de collar *(Natrix natrix)* ponen a veces los huevos en grandes puestas comunitarias que pueden contar con cientos e incluso miles de ellos (abajo)

y blanco amarillento de su glándula anal, cuyo olor permanece largo tiempo sobre la piel y la ropa.

A veces se produce el "reflejo de fingir la muerte": el animal se tiende sobre el dorso, se relaja, esconde las pupilas y deja colgar la lengua. Después de un tiempo la serpiente "despierta" de esta muerte fingida e intenta huir.

Hiberna durante varios meses en zonas del suelo protegidas de las heladas, en montones de estiércol, troncos de árboles y montículos de hojas caídas.

▲ *Alimentación:* Ranas, sapos, tritones, peces, alguna vez, y sobre todo en el área de distribución del sur, lagartos y ratones. Las jóvenes comen gusanos, renacuajos, pequeños peces y ranas y sapos. La Culebra de collar captura su presa, la cual sólo reconoce por sus movimientos, apresándola por cualquier lugar del cuerpo y devorándola viva.

▲ *Reproducción:* Ovípara. Sale de la hibernación en marzo-abril y se aparea después de la primera muda de camisa (se muda de camisa varias veces al año). Frecuentemente se reúnen grandes cantidades de Culebras de collar (50 o 60) en un lugar idóneo para el apareamiento, predominando siempre el número de machos. En la cópula, los animales permanecen unidos durante algún tiempo. En caso de peligro, la hembra arrastra al macho en su huida.

Ponen los huevos en julio-agosto, preferentemente en montones de estiércol, troncos de árboles en descomposición, montículos de serrín, cortes de turba o monto-

Distribución

Noroeste de África, Península Ibérica, Baleares, centro y este de Europa incluyendo los países alpinos hasta Inglaterra central, sur de Escandinavia y norte de la CEI, Córcega, Cerdeña, Italia con Sicilia, países balcánicos con Grecia (pero sin Creta), muchas islas del Egeo, Turquía, sur de Rusia hasta el norte de Irán y hacia el nordeste hasta el lago Baikal.

En el área aquí descrita 9 subespecies:
N. n. natrix (centro y norte de Europa hasta el oeste de la CEI),
N. n. astreptophora (España y noroeste de África),
N. n. cetti (Cerdeña),
N. n. corsa (Córcega),
N. n. helvetica (oeste de Europa con Inglaterra, norte y centro de Italia, Alpes, Istria),
N. n. persa (países balcánicos, Transcaucasia, sur del Mar Caspio, Turquía),
N. n. schweizeri (archipiélago de Milos),
N. n. sicula (sur de Italia y Sicilia),
N. n. scutata (CEI al este del Dniéper, oeste del Cáucaso y Crimea).

La lista de subespecies de la Culebra de collar, sin embargo, aún está en discusión y no es reconocida por todos los zoólogos.

La variedad de hábitats en los que vive la Culebra de collar *(Natrix natrix)* se refleja en el considerable número de subespecies descritas. Algunas de éstas son:

N. n. helvetica, que vive en el oeste de Europa y los países alpinos hasta el centro de Italia e Istria (arriba).

N. n. persa, que vive en los países balcánicos, llegando hasta Transcaucasia (abajo).

N. n. astreptophora de España y del noroeste de África (arriba, izquierda).

N. n. schweizeri, del archipiélago de Milos en el Mar Egeo (arriba, derecha).

N. n. sicula, del sur de Italia y Sicilia (abajo).

nes de hojas caídas en descomposición. Una hembra pone 20-50 huevos blancos y de cáscara blanda que suelen estar pegados entre sí. En zonas idóneas pueden hacer puestas comunitarias de muchas hembras depositando de varios cientos a 3000 huevos.
Las crías salen a las 4-8 semanas. Tiene numerosos depredadores: aves de rapiña, somormujos, cigüeñas, garzas, cuervos, turones, erizos, zorros, esturiones y percas. Las serpientes jóvenes deben protegerse contra cárabos, ranas, peces voraces e incluso gorriones.
▲ *Singularidades:* Serpiente gris

con "manchas en media luna" claras, con rebordes negros, en la parte posterior de la cabeza. Las hembras son mucho más grandes que los machos. Gustan del agua. Devora sus presas vivas sin estrangularlas previamente. Como reacción de defensa excreta de su cloaca un líquido apestoso. Elevado índice de reproducción, con puestas comunitarias que llegan a contar con varios miles de huevos.

Culebra teselada

Natrix tessellata (LAURENTI, 1768)

Familia culebras (Colubridae)

Subfamilia natricinos (Natricinae)

F Couleuvre tessellée It Biscia tassellata I Dice Snake A Würfelnatter

▲ *Características:* Longitud media 60-90 cm, las hembras muy viejas pueden alcanzar los 150 cm. Serpiente esbelta, de tamaño medio, muy parecida a la Culebra de collar *(Natrix natrix).* Cabeza estrecha y alargada, de aspecto anguloso. Los orificios nasales y los ojos (con pupila redonda) están dirigidos oblicuamente hacia arriba (habitantes del agua).
Escamas corporales muy carenadas. Diecinueve (excepcionalmente 21) hileras de escamas dorsales hacia la mitad del cuerpo. Generalmente 8 (a veces 7 o 9) escamas supralabiales, de las cuales sólo la cuarta o la cuarta y quinta tocan el borde inferior del

Los ojos y los orificios nasales de la Culebra teselada *(Natrix tessellata)* están dirigidos oblicuamente hacia arriba –característica de típico habitante acuático.

La Culebra teselada *(Natrix tessellata)* es una típica culebra acuática que nada y bucea excelentemente.

ojo. En general 2 escamas preoculares y 3 escamas postoculares. Coloración de fondo gris azulada, verde grisácea, aceituna amarillenta o pardo rojiza. En el dorso presenta un dibujo oscuro, de cuadrados alternos, que pueden estar dispuestos formando rayas longitudinales o bandas transversales. Manchas oscuras, frecuentemente alargadas en los costados. Manchas borrosas en la cabeza, en ocasiones con una banda en V en la nuca. Vientre gris blanquecino, amarillento o rojizo, con dibujo oscuro de manchas o líneas.

No venenosa, inofensiva.

▲ *Hábitat:* Márgenes de ríos o lagos con abundante vegetación en la orilla. Prefieren las aguas poco profundas, cálidas y de poca corriente a las aguas frías, rápidas. En el Mar Negro también se encuentra en el agua de mar.

▲ *Biología:* Es una verdadera culebra acuática: nada y bucea prolongadamente y puede permanecer varias horas bajo el agua. Gusta de tomar el sol en ramas que cuelgan sobre el agua. Cuando se siente amenazada se desliza hacia el agua y bucea. Cuando es capturada silba y excreta un líquido apestoso de su cloaca.
Hiberna durante varios meses.

▲ *Alimentación:* Peces, ranas, tritones y renacuajos.

▲ *Reproducción:* Ovípara. Para el apareamiento y la puesta de los huevos, las culebras teseladas se alejan algo del agua en abril-mayo. La hembra pone 6-25 huevos en troncos de árboles descompuestos, en la tierra húmeda o en material vegetal en descomposición. Las serpientes jóvenes, de 15-24 cm de longitud, salen en agosto-septiembre de los huevos y presentan el mismo color y dibujo que los adultos.

▲ *Singularidades:* Culebra acuática que nada y bucea excelentemente. Puede permanecer varias horas bajo el agua. Dibujo de cuadrados en el dorso. Ojos y orificios nasales oblicuamente dirigidos hacia arriba.

¡Puede verse extinguida por la contaminación de las aguas!

Distribución

Centro de Europa (poblaciones en extinción), Italia (a excepción del extremo sur y Sicilia), Alpes, sur de Polonia, Checoslovaquia, países balcánicos incluyendo Grecia, isla de Creta, Turquía, noroeste de Siria, sur de Rusia, en Asia hasta el noroeste de la India y oeste de China.

En Alemania, Austria, Suiza y Checoslovaquia, ¡la Culebra teselada está fuertemente protegida!

En el área aquí descrita existe, aparte de la forma *N. t. tessellata* otra subespecie aún no confirmada del todo:

N. t. heinrothi (isla Serpilor en el Mar Negro).

Rhynchocalamus melanocephalus (JAN, 1862)
Familia culebras (Colubridae)
Subfamilia colubrinos (Colubrinae)
F Couleuvre à tête noire I Black-headed Dwarf Snake
A Schwarzkopf-Zwergnatter

▲ *Características:* Longitud aproximada 35 cm.

Serpiente pequeña y con cuerpo muy esbelto. Cabeza muy poco definida. Ojos relativamente grandes con pupila redonda.

Escamas corporales lisas; 14-15 hileras de escamas dorsales hacia la mitad del cuerpo. 6-7 escamas supralabiales, la tercera y cuarta tocando el borde inferior del ojo. Escama rostral fuerte y que sobresale del hocico. Una escama preocular y 1 escama postocular. Coloración de fondo rojo anaranjado a amarillo rojizo. Dorso sin dibujo, costados más claros. La parte superior de la cabeza es negra hasta la nuca, donde el color negro forma una banda hasta la garganta (subespecie *melanocephalus*), o bien posee 2 bandas transversales anchas y negras en la parte superior de la cabeza y una ancha banda en la nuca (subespecie *satunini*). Vientre blanco.

No venenosa, inofensiva.

▲ *Hábitat:* Laderas secas con piedras y escasa vegetación, frecuentemente sobre un río o arroyo de un valle. En zonas montañosas hasta los 1100 a 1500 m de altitud.

▲ *Biología:* Serpiente terrestre pequeña y rápida. Se sabe poco de la biología de esta especie.

Lleva una vida muy sigilosa debajo de las piedras y en las grietas de las rocas. Rara vez se en-

La pequeña y ágil *Rhynchocalamus melanocephalus* lleva una vida oculta debajo de las piedras y en las grietas de las rocas. Su área de distribución va desde el este de Turquía hasta el Mar Caspio e Israel.

cuentra en campo abierto. En el área de distribución septentrional hiberna durante 4-6 meses.

▲ *Alimentación:* Saltamontes, grillos, hormigas o ciempiés; también pequeños lagartos.

▲ *Reproducción:* Ovípara.

▲ *Singularidades:* Pequeña y rápida. Muy sigilosa. Cabeza negra, muy contrastada de color. Alimentación especializada en artrópodos.

Distribución

Este de Turquía, extremo sur de la CEI, oeste del Mar Caspio, norte de Irán, Siria, Líbano, Israel.

2 subespecies:
R. m. melanocephalus (Siria hasta Israel),
R. m. satunini (este de Turquía hasta el extremo sur de la URSS).

Spalerosophis diadema (SCHLEGEL, 1837)
Familia culebras (Colubridae)
Subfamilia colubrinos (Colubrinae)
F Couleuvre à diadème I Diadem Snake A Diademnatter

▲ *Características:* Longitud alrededor de 150 cm, ocasionalmente hasta 200 cm.

Serpiente de tamaño medio, esbelta. Cabeza muy bien definida. Ojos grandes con pupila redonda. Escamas del cuerpo, ligeramente carenadas. 25-33 hileras de esca-

Spalerosophis diadema es una bonita y elegante serpiente del desierto. Lleva este nombre debido a la ancha barra transversal oscura que posee entre los ojos, que recuerda una diadema (arriba).

Spalerosophis diadema cliffordi es una subespecie de *Spalerosophis diadema* (abajo) que habita en el norte de África desde Marruecos hasta Israel y Siria.

mas dorsales hacia medio cuerpo. Las craneales están divididas en otras más pequeñas. Una hilera de pequeñas escamas suboculares entre el borde inferior del ojo y las escamas supralabiales. 1-13 escamas supralabiales. Escama anal indivisa. Coloración de fondo gris, amarillenta, ocre o rojiza. En el dorso tiene manchas transversales, rojizas o pardas, en forma de rombo. En los costados 2 hileras de manchas oscuras, alternas. En la frente varias bandas transversales oscuras. Banda oscura desde los ojos hasta las comisuras bucales. Vientre blanquecino o rojizo.

No venenosa, muerde fieramente para defenderse.

▲ *Hábitat:* Desiertos de arena y piedra. Su hábitat es muy caluroso de día, con un considerable enfriamiento durante la noche. Permanece en las grietas de las rocas, bajo las piedras y en madrigueras subterráneas de roedores. Habita en la llanura y en zonas montañosas hasta los 2000 m de altitud.

▲ *Biología:* Serpiente terrestre. En primavera es activa de día, y en verano por la noche. Rápida y ágil. Cuando es capturada muerde.

▲ *Alimentación:* Lagartos, serpientes, ratones y pájaros.

▲ *Reproducción:* Ovípara. Apareamiento en primavera. Pone de 3-15 huevos.

▲ *Singularidades:* Desértica. Dibujo de manchas. Muy rápida.

Distribución

Norte de África hasta Arabia, Asia Menor hasta la CEI asiática, Pakistán y noroeste de la India.

En el área aquí descrita viven 2 subespecies:
S. d. cliffordi (norte de África desde Marruecos hasta Egipto, Israel, ¿Líbano?, Siria),
S. d. dolichospila (extremo oriental de Marruecos, Argelia, Túnez).
La forma *S. d. diadema* vive en el área de distribución oriental de esta especie.
S. d. dolichospila es considerada por algunos zoólogos como especie independiente debido a su mayor número de escamas dorsales.

Culebra de cogulla

Macroprotodon cucullatus (Géoffrey-St Hillaire, 1827)
Familia culebras (Colubridae)
Subfamilia boiginos (Boiginae)
Cat Serp de caputxó Port Cobra-de-capuz F Couleuvre à capuchon
It Colubro del cappuccio I False Smooth Snake A Kapuzennatter

▲ *Características:* Longitud media 40-50 cm, excepcionalmente mide más de 60 cm.

Boigino venenoso bastante pequeño. Cabeza poco definida y claramente aplanada, sobre todo

Es característica de la Culebra de cogulla *(Macroprotodon cucullatus)* la mancha oscura en cogulla de la nuca. Este pequeño boigino está activo durante el crepúsculo y la noche.

en el hocico. Ojos pequeños y situados relativamente cerca de la parte anterior de la cabeza, con pupila ovalada que va de arriba hacia abajo.

Escamas corporales lisas. 19-25 hileras de escamas dorsales hacia la mitad del cuerpo (variable). Escama rostral grande pero baja, casi invisible desde arriba. Presenta escama loreal. Una u, ocasionalmente, 2 escamas preoculares. Escama parietal que toca directamente con la sexta escama supralabial que es muy grande.

Coloración de fondo gris clara, pardo grisácea a pardo rojiza. En el dorso y los costados presenta pequeñas manchas oscuras que pueden formar tenues barras. En la nuca presenta una fuerte "mancha en cogulla" oscura cuya punta se extiende hacia delante y hacia atrás. Banda oscura en las sienes desde los orificios nasales, pasando por los ojos, hasta las comisuras bucales. Vientre de color crema-amarillento, rosado o rojo, con manchas oscuras.

Boigino venenoso, dientes posteriores con surco, no peligroso para el hombre.

▲ *Hábitat:* Habitantes de llanuras y zonas montañosas bajas. Terrenos secos en laderas pedregosas cubiertas de arbustos. Claros de bosque, murallas y ruinas.

▲ *Biología:* Activa durante el crepúsculo y la noche. Durante el día se puede encontrar debajo de piedras, en agujeros en el suelo o enterrada en el suelo. Se mueve lentamente, pero en caso de peligro muerde rápidamente. Hiberna durante 4-6 meses.

▲ *Alimentación:* Lagartos pequeños (lagartijas y salamanquesas).

Muerde fuertemente la presa hasta que puede utilizar los dientes venenosos posteriores. Las presas mueren muy rápido.
▲ *Reproducción:* Ovípara. Pone 5-7 huevos. Las crías salen de ellos a finales del verano.
▲ *Singularidades:* Boigino venenoso y pequeño con "mancha en forma de cogulla" oscura en la nuca. Hocico aplanado. Activo durante el crepúsculo y la noche. Debido a que sus dientes venenosos son muy pequeños y están situados muy hacia atrás, no resulta peligroso para el hombre.

Distribución

Sur de la Península Ibérica, Baleares, norte de África hasta Israel.
3 subespecies:
M. c. brevis (sur de la Península Ibérica, oeste y centro de Marruecos),
M. c. cucullatus (centro y sur de Argelia, Túnez, norte de Libia, norte de Egipto hasta Israel),
M. c. mauritanicus (este de Marruecos, norte de Argelia, norte de Túnez).

Malpolon moilensis (REUSS, 1834)
Familia culebras (Colubridae)
Subfamilia boiginos (Boiginae)
F Couleuvre de Moila I Moilasnake A Moilanatter

▲ *Características:* Longitud media 70-95 cm, ocasionalmente alcanza los 100 cm.
Serpiente de tamaño medio, de aspecto esbelto. Cabeza triangular y ligeramente definida con hocico algo puntiagudo y prominente. Ojos grandes con pupila redonda. El reborde de las escamas supraoculares situadas sobre el ojo está menos desarrollado que en la Culebra bastarda *(M. monspessulanus).* Escamas corporales con surcos poco acusados. Diecisiete hileras de escamas dorsales hacia la mitad del cuerpo. Escama rostral prolongada e intercalada entre las escamas internasales, por lo cual se ve desde arriba. Una escama loreal, 1 escama preocular y 2 o 3 escamas postoculares. 7-8 escamas supralabiales, la tercera y cuarta o la cuarta y quinta tocan con el borde inferior del ojo.
Coloración de fondo de amarillo rojiza a gris arena. Dibujo dorsal consistente en manchas oscuras borrosas; en los costados manchas más pequeñas. Una o dos manchas oblicuas, oscuras en forma de barra a cada lado de la cabeza detrás de las comisuras bucales. Vientre blanco crema, uniforme o con punteado rojizo.
No es una verdadera serpiente venenosa; está provista de dientes posteriores con surco y no es peligrosa para el hombre, pero a pesar de ello, ¡cuidado!

Esta fotografía de *Malpolon moilensis* muestra claramente dos características típicas: el hocico puntiagudo y las oscuras manchas oblicuas en forma de barra de los lados de la parte posterior de la cabeza.

Malpolon moilensis es un boigino de tamaño medio del norte de África. En caso de peligro presenta un comportamiento de amenaza similar al de la cobra, aplanando la nuca.

▲ *Hábitat:* Desiertos de piedra con escasa vegetación arbustiva, ocasionalmente en la proximidad de poblaciones. En zonas montañosas no se encuentra por encima de los 1500 m de altitud.

▲ *Biología:* Activa durante el día. Asustadiza y rápida. Cuando es apresada intenta morder con la boca muy abierta. Comportamiento de amenaza muy peculiar, similar al de la cobra: en caso de peligro levanta un tercio de su cuerpo en forma de S, aplana la nuca en forma de "sombrero" o "escudo" y silba.

Hiberna durante varios meses.

▲ *Alimentación:* Lagartos, serpientes, mamíferos pequeños (ratones) y pájaros. Los animales jóvenes comen también insectos grandes.

▲ *Reproducción:* Ovípara.
Apareamiento en abril-junio. La hembra pone 4-18 huevos en julio-agosto en montículos de hojas caídas, en la tierra húmeda o en muros. Las crías salen del huevo a finales de septiembre.

▲ *Singularidades:* Boigino de tamaño medio con hocico puntiagudo. Barras oscuras oblicuas a ambos lados de la parte posterior de la cabeza. Comportamiento de amenaza similar al de la cobra con parte delantera del cuerpo levantada y nuca aplanada.
El veneno de los dientes posteriores con surco es poco probable que sea inyectado durante sus mordeduras defensivas –a pesar de ello, se recomienda tener cuidado.

Distribución

Norte de África desde Mauritania hasta Egipto, también Sudán, Península Arábiga, Irak e Irán.

Culebra bastarda
Malpolon monspessulanus (HERMANN, 1804)
Familia culebras (Colubridae)
Subfamilia boiginos (Boiginae)
Cat Serp verda Gall Cobra Vas Suge Port Cobra-rateira F Couleuvre de Montpellier It Colubro lacertino I Montpellier Snake A Europäische Eidechsennatter

▲ *Características:* Longitud media 160-180 cm, pero también puede sobrepasar los 200 cm.

La Culebra bastarda *(Malpolon monspessulanus)* tiene una mirada "furiosa" debido a las escamas supraoculares que sobresalen agudamente.

La grande y fuerte Culebra bastarda *(Malpolon monspessulanus)* persigue sus presas con extraordinaria vehemencia y las mata mediante la venenosa mordedura de sus dientes posteriores con surco.

Serpiente llamativamente grande y fuerte, que a pesar de su longitud tiene un aspecto esbelto. La cabeza estrecha y relativamente alta está poco definida. Las grandes escamas supraoculares sobresalen con un borde agudo por encima de los ojos y proporcionan al animal una expresión "feroz". La región de la frente entre las escamas supraoculares está hundida. Ojos grandes con pupila redonda.

Escamas corporales lisas o con surcos (nunca carenadas); 17-19 hileras de escamas dorsales hacia la mitad del cuerpo. Escama frontal muy estrecha. Ocho (rara vez 9) escamas supralabiales, 2 escamas loreales, 1 escama preocular, 2-3 escamas postoculares.

Coloración de fondo gris clara, pardo grisácea, pardo rojiza, verde aceituna a verde grisácea, o negro grisácea. Los machos son de colorido uniformes, las hembras presentan en ocasiones puntos o manchas oscuras con rebordes claros. Vientre de gris blanquecino a amarillento, frecuentemente con manchas oscuras. Los animales jóvenes presentan un llamativo dibujo de manchas en el dorso y un dibujo oscuro en la cabeza.

No es una verdadera serpiente venenosa, con dientes opistoglifos que rara vez pueden resultar peligrosos para el ser humano.

▲ *Hábitat:* Terrenos soleados y abiertos, en zonas bajas y montañosas no muy altas. Laderas secas cubiertas de arbustos y piedras con alguna vegetación en el suelo, valles fluviales, bosques claros, zonas áridas entre zonas de cultivo, jardines cubiertos de maleza. En el área de distribución meridional llega hasta los 2000 m

En el área de distribución oriental de la Culebra bastarda *(Malpolon monspessulanus)* vive la subespecie *Malpolon monspessulanus insignitus*.

de altitud en las zonas montañosas.

▲ *Biología:* Serpiente muy asustadiza y sigilosa que huye con facilidad. Predominantemente terrestre. Silba fuertemente y durante largos períodos cuando se ve amenazada. Al ser apresada muerde ferozmente.

Período de hibernación de varios meses.

▲ *Alimentación:* Lagartos, serpientes, mamíferos pequeños (ratones) y pájaros. Los animales jóvenes comen también insectos grandes. La Culebra bastarda persigue a su presa con gran ve-

Distribución

Península Ibérica, Baleares, zona mediterránea del sur de Francia, aisladamente en el norte de Italia, costa Adriática de Yugoslavia, sur de los Balcanes con Grecia, algunas islas griegas como Corfú, Cefalonia, Zante, Taso, Samotracia, Eubea o Scopelos, Turquía hasta Transcaucasia y el Mar Caspio, norte de África.

Especie cuya área de distribución es literalmente "la zona mediterránea"

2 subespecies:

M. m. monspessulanus (generalmente 19 hileras de escamas dorsales, norte de África occidental, Península Ibérica, costa mediterránea francesa, norte de Italia),

M. m. insignitus (generalmente 17 hileras de escamas dorsales, países balcánicos, islas griegas, Turquía, Cáucaso hasta el Mar Caspio, norte de África oriental).

hemencia. Mata a las presas más grandes mediante su mordedura venenosa, sujetando fuertemente a la presa hasta poder utilizar los dientes opistoglifos. Las presas más pequeñas son devoradas.

▲ *Reproducción:* Ovípara. Apareamiento en abril-junio. En julio-agosto pone 4-18 huevos en montículos de hojas, en el suelo húmedo o en las obras de albañilería. Los jóvenes salen del huevo a finales de septiembre-principios de octubre.

Psammophis schokari (FORSKAL, 1775)
Familia culebras (Colubridae)
Subfamilia boiginos (Boiginae)
F Couleuvre du sable de Forskal I Forskal's Sandsnake A Schlanke Sandrennatter

▲ *Características:* Longitud media 100-120 cm.

Serpiente desertícola muy esbelta y larga. Cabeza larga y estrecha, diferenciada del cuerpo. Ojos grandes con pupila redonda.

Escamas corporales lisas. Diecisiete (rara vez 19) hileras de escamas dorsales hacia la mitad del cuerpo. Escama frontal muy larga. Una escama preocular, delante de ésta una escama loreal muy larga. Dos (rara vez 3) escamas postoculares. Nueve escamas supralabiales, la quinta y sexta, a veces la cuarta y quinta, tocan con el borde inferior del ojo.

Coloración de fondo aceituna clara, amarillenta, castaño clara o pardo grisácea. El dibujo dorsal y de los flancos consiste en líneas longitudinales claras y oscuras: 5 líneas claras con rebordes oscuros, o 4 rayas oscuras acompaña-

La larga y estrecha cabeza, y las rayas longitudinales oscuras que van desde la punta del hocico, pasando por los ojos, hasta el cuello, subrayan aún más la esbeltez de *Psammophis schokari.*

Psammophis schokari es una serpiente desertícola muy esbelta y extraordinariamente rápida. Son características de esta especie las rayas longitudinales claras y oscuras del dorso (arriba).

La subespecie *Psammophis schokari aegyptius*, que vive en los oasis del Sahara de Libia y Egipto, es considerada por algunos zoólogos una especie aparte (abajo).

das de líneas longitudinales claras. Estas líneas longitudinales ocasionalmente son débiles, existiendo también ejemplares sin dibujo. La parte superior de la cabeza presenta una mancha oscura, alargada en la escama frontal, en las escamas supraoculares y en la nuca. Raya oscura que va desde los orificios nasales, pasando por los ojos, hasta el cuello. Las escamas supra e infralabiales presentan manchas oscuras y 1 o 2 líneas longitudinales oscuras e interrumpidas a ambos lados del vientre.

Culebra opistoglifa, que también puede utilizar sus dientes con surcos en la mordedura defensiva. El veneno provoca gran dolor, vómitos y tumefacción, no es mortal para el hombre.

▲ *Hábitat:* Zonas desérticas, sobre todo desiertos de arena con escasa vegetación arbustiva, wadis y ocasionalmente oasis. Frecuentemente se encuentra en madrigueras de roedores.

▲ *Biología:* Activa durante el día y el crepúsculo. Muy ágil y rápida. Muerde ferozmente al ser apresada.

▲ *Alimentación:* Preferentemente lagartos, también pájaros pequeños y algunos ratones jóvenes. Sujeta fuertemente la presa con los dientes para poder utilizar los dientes inoculadores de veneno posteriores hasta que la presa muere.

▲ *Reproducción:* Ovípara. Probablemente pone un menor número de huevos que *Psammophis sibilans.*

▲ *Singularidades:* Serpiente deserticola muy esbelta y rápida. Dibujo llamativo con 5 líneas longitudinales claras o 4 oscuras. Dibujo característico simétrico en la cabeza. Su veneno tiene un efecto similar al de *Psammophis sibilans,* estrechamente emparentada con *P. schokara* y no representa un peligro mortal para el hombre.

Distribución

Desde el norte de África, la Península Arábiga, Oriente Próximo y el sur del Turquestán hasta Pakistán y noroeste de la India.
En el área aquí descrita existen 2 subespecies:
P. s. aegyptius (Sahara libio y egipcio),
P. s. schokari (resto del área de distribución).
Algunos zoólogos consideran a la subespecie *aegyptius* como una especie aparte.

Psammophis sibilans (Linnaeus, 1758)
Familia culebras (Colubridae)
Subfamilia boiginos (Boiginae)
F Couleuvre rayée du sable I Striped Sandsnake A Gestreifte Sandrennatter

▲ *Características:* Longitud media 100-120 cm, pero también puede alcanzar los 150 cm.
Serpiente de tamaño medio, muy esbelta. Cabeza alargada y diferenciada del cuerpo. Ojos grandes con pupila redonda.
Escamas corporales lisas. Diecisiete hileras de escamas dorsales hacia la mitad del cuerpo. Una

Psammophis sibilans posee unos ojos llamativamente grandes y persigue sus presas con la cabeza levantada, con lo cual amplía su campo de visión.
La mordedura venenosa de este boigino con los dientes posteriores con surco puede provocar dolores, vómitos y tumefacción en el hombre, pero no es mortal.

escama preocular, 2 (rara vez 3) escamas postoculares. Ocho (rara vez 9) escamas supralabiales, la cuarta y quinta o la quinta y la sexta tocando con el borde inferior del ojo.
Coloración de fondo gris olivácea, pardo amarillenta o pardo oscura. En el dorso generalmente presenta 3 líneas longitudinales claras que van desde la cabeza hasta la cola, una en la mitad del dorso, las otras dos en la parte superior de los flancos. Entre las líneas longitudinales claras y los flancos existe un dibujo de manchas pequeñas. Cabeza de colorido uniforme o con un dibujo irregular de manchas. Vientre amarillo, verde amarillento o de color porcelana, en ocasiones con un dibujo de líneas.
Serpiente opistoglifa, que puede usar los dientes inoculadores de veneno para defenderse. Éste produce fuertes dolores, vómitos y tumefacción, pero no es mortal para el hombre.
▲ *Hábitat:* Semidesierto, estepa con arbustos espinosos y sabana. Hábitats muy secos. Zonas arenosas y pedregosas con arbustos.
▲ *Biología:* Serpiente diurna terrestre, que también puede trepar a arbustos bajos. Huidiza y muy rápida. Al ser apresada muerde inmediatamente.
▲ *Alimentación:* Mamíferos pe-

Distribución

En el área aquí descrita sólo existe la forma *P. s. sibilans* en Marruecos, todo el norte de África y Egipto.

queños (ratones), lagartos, ranas y pájaros. Persigue sus presas con la parte delantera del cuerpo algo levantada y la cabeza erguida, con lo cual aumenta su campo de visión y se facilita la caza. Sujeta sus presas con movimientos de masticación sin soltar al animal.

▲ *Reproducción:* Ovípara. Elevado índice de reproducción, con puestas de hasta 30 huevos.

▲ *Singularidades:* Serpiente delgada y muy rápida de las zonas secas. Tres llamativas líneas longitudinales claras en el dorso. Los dientes con surco posteriores que se hallan en el maxilar superior pueden usarse como defensa.

Telescopus dhara (FORSKAL, 1775)
Familia culebras (Colubridae)
Subfamilia boiginos (Boiginae)
F Couleuvre chat d'Israèl I Israelian Cat Snake A Israelische Katzennatter

▲ *Características:* Longitud media 80-105 cm.
La cabeza, al igual que en la Serpiente gato *(T. fallax)* es ovalada y plana, claramente diferenciada del cuerpo. Ojos con pupila vertical y ovalada.
Escamas corporales lisas. Diecinueve (rara vez 21) hileras de escamas dorsales hacia la mitad del cuerpo. Una escama loreal que es más larga que ancha. Una escama preocular, 2 escamas postoculares. Nueve (a veces 10) escamas supralabiales, la tercera, cuarta y quinta o la cuarta, quinta y sexta tocando con el borde inferior del ojo.

Telescopus dhara es un boigino pequeño y poco agresivo. Su alimentación consiste predominantemente en pájaros.

Coloración de fondo amarillo rojizo clara o pardo arena. Dibujo borroso en el dorso consistente en manchas transversales oscuras; a veces de colorido uniforme. Vientre blanco o blanco grisáceo, en ocasiones con manchas borrosas.

Culebra venenosa con dientes posteriores con surco. No se tiene conocimiento de accidentes por mordedura en el hombre.

▲ *Hábitat:* Predominantemente en las zonas pobladas por el hombre, muros de edificios, jardines con arbustos y murallas de piedra.

▲ *Biología:* Poco conocida. Serpiente terrestre. Actividad crepuscular y nocturna. Tranquila y poco agresiva.

▲ *Alimentación:* Predominantemente pájaros pequeños, probablemente a veces también lagartos. Mata su presa mediante su mordedura venenosa. Sujeta la presa con movimientos de masticación hasta que puede utilizar los dientes venenosos situados en la parte posterior del maxilar superior.

▲ *Reproducción:* Ovípara.

▲ *Singularidades:* Boigino pequeño, poco agresivo. Ojos con pupila vertical. Habita cerca del hombre. Come predominantemente pájaros.

Distribución

Egipto, Israel, Península Arábiga.

Otra especie de *Telescopus* es *T. tripolitanus* (WERNER, 1909). Es muy rara, pequeña (70-80 cm) y de color pardo grisáceo uniforme con vientre blanco. Presenta 2 escamas preoculares, 3 escamas postoculares, 9 escamas supralabiales y en el área aquí descrita se encuentra en el sudesde de Túnez y Libia.

En opinión de algunos zoólogos se trata de una subespecie de *Telescopus dhara*. El mismo problema se presenta en el caso de *Pseudotarbophis gabesiensis* (DOMERGUE), el boigino descrito en 1955 que se encuentra en Tèlboulbou y Gabés, en el sur de Túnez. Esta serpiente oscura, casi negra, con brillo irisado en las escamas dorsales alcanza una longitud de 80-110 cm, posee 21-22 hileras de escamas dorsales hacia la mitad del cuerpo, 1 escama loreal, 1 escama preocular, 2 escamas postoculares y 8 escamas supralabiales.

R. gabesiensis es considerada por algunos zoólogos como una subespecie de *Telescopus tripolitanus,* y consiguientemente podría ser considerada como subespecie de *Telescopus dhara*.

Prácticamente no se sabe nada acerca de la forma de vida de estos dos boiginos, pero probablemente es similar a la de *T. dhara* y *T. fallax*.

Serpiente gato

Telescopus fallax (FLEISCHMANN, 1831)
Familia culebras (Colubridae)
Subfamilia boiginos (Boiginae)
F Couleuvre chat It Colubro carsico I Cat Snake A Europäische Katzennatter

▲ *Características:* Longitud: se sitúa generalmente alrededor de los 60-70 cm, excepcionalmente alcanza los 100 cm.
Serpiente delicada, lisa y brillante. El corte transversal del cuerpo es trapezoide. Cabeza ovalada y plana, claramente diferenciada del cuerpo. Ojos de tamaño medio, con pupila vertical, similar a la de un gato.
Escamas corporales lisas. Diecinueve (a veces 17 o 21) hileras de escamas dorsales hacia la mitad del cuerpo. Escama frontal muy grande. Una escama loreal alargada que generalmente toca con el borde anterior del ojo.
Coloración de fondo gris, amarillo grisácea o pardo amarillenta. El dibujo del dorso se compone en manchas oscuras transversales, entre las cuales se hallan manchas en forma de barra verticales y más estrechas en los flancos. Mancha oscura en la nuca, que hacia delante puede formar una punta dirigida hacia la cabeza. Vientre blanco amarillento,

La Serpiente gato *(Telescopus fallax)*, que también es un boigino y cuya alimentación consiste en lagartos, está ampliamente distribuida en el área oriental del Mediterráneo.

La cabeza de la Serpiente gato *(Telescopus fallax)* está bien diferenciada del cuerpo. Las pupilas son verticales como las de un gato.

Distribución

Oeste de Yugoslavia, Albania, Grecia con Creta y muchas islas del Egeo, Malta, sur de Bulgaria, Turquía, sur de Rusia hasta el Mar Caspio y norte de Irán, Siria, Líbano, Israel y este de Egipto.

En el área aquí descrita viven 7 subespecies:
T. f. fallax (países balcánicos, Malta, muchas islas del Egeo, oeste y sur de Turquía),
T. f. hoogstraali (Península del Sinaí, sur del desierto del Negev en Israel; zonas desérticas),
T. f. iberus (este de Turquía, norte de Irán, sur de Rusia),
T. f. intermedius (isla griega de Antikythira),
T. f. multisquamatus (isla Kufonisi delante de Creta),
T. f. pallidus (Creta con las islas Gabdos y Elasa, isla Iristiani delante de Santorín),
T. f. syriacus (sudeste de Turquía, Siria, Líbano, norte de Israel; predominantemente en regiones cercanas al mar).
El estado de otras dos formas (*T. f. cyprianus* en Chipre y *T. f. rhodicus* en Rodas) es incierto y no es reconocido por muchos zoólogos.

rosado claro o color crema, con manchas oscuras, similares a un tablero de ajedrez.

Boigino con dientes posteriores con surco. Es poco probable que resulte peligrosa para el hombre, pero al ser apresada muerde ferozmente, por lo cual se recomienda precaución.

▲ *Hábitat:* Laderas secas y bien soleadas desde las llanuras hasta las zonas montañosas, cubiertas de arbustos y con abundantes piedras y rocas. También en valles con arroyos y robledales claros. En las zonas montañosas llega hasta los 1500 m de altitud.

▲ *Biología:* Actividad crepuscular y nocturna. Terrestre. Se esconde debajo de las piedras, en estrechas grietas de las rocas y en muros durante el día. Tranquila y poco huidiza cuando es descubierta.

Período de hibernación de 4-6 meses.

▲ *Alimentación:* Sobre todo lagartos (lagartijas, gecos); también pequeñas serpientes, muy rara vez ratones. Se mueve cautelosamente hacia la presa con movimientos "de gato" y la sujeta con los dientes el tiempo necesario para que haga efecto el veneno de los dientes posteriores.

▲ *Reproducción:* Pone aproximadamente 5-7 huevos que eclosionan a finales del verano. Las jóvenes serpientes cazan las primeras lagartijas ya después de la primera muda de camisa.

▲ *Singularidades:* Serpiente pequeña, tranquila, con cabeza claramente diferenciada del cuerpo. Ojos con pupila vertical parecida a la de los gatos. Caza con movimientos cautelosos en el crepúsculo y la noche. Se alimenta exclusivamente de lagartos.

La subespecie *Telescopus fallax hoogstrali* vive en las zonas desérticas de la Península del Sinaí y en la región sur del Negev.

Micrelaps muelleri (BOETTGER, 1880)
Familia culebras (Colubridae)
Subfamilia aparalactinos (Aparallactinae)
F Vipère à sol de Mueller I Mueller's Ground Viper A Muellers Erdviper

▲ *Características:* Longitud media 35-52 cm.
Cabeza plana, diferenciada del cuerpo. Ojos pequeños con pupila redonda-ovalada.
Escamas corporales lisas. Quince hileras de escamas dorsales hacia la mitad del cuerpo. Escama frontal pequeña. No presenta escama loreal, ni escama preocular, 1 escama postocular. Siete escamas supralabiales, la tercera y cuarta tocando con el borde inferior del ojo.
Coloración de fondo negra o pardo negruzca con anillos blanquecinos, que en parte son más anchos o más estrechos que los intervalos negros entre ellos, y que están interrumpidos en el oscuro vientre. Cabeza pardo oscura, con una región algo más clara en la nuca.
Culebra con dientes posteriores con surco. Parece ser que el veneno es bastante eficaz, por lo cual se recomienda ¡precaución!
▲ *Hábitat:* Estepa con arbustos espinosos hasta el semidesierto, frecuentemente terrenos pedregosos y rocosos. En zona montañosas llega hasta los 2000 m de altitud.
▲ *Biología:* Poco conocida.

Micrelaps muelleri posee dientes inoculadores de veneno posteriores con surco y es un boigino. Es llamativo el dibujo de anillos negros y blancos.

Serpiente terrestre nocturna. Excava en la tierra, también habita en los sistemas de túneles de las madrigueras de mamíferos pequeños.
▲ *Alimentación:* Mamíferos pequeños, tal vez también lagartos.
▲ *Reproducción:* Ovípara.
▲ *Singularidades:* Víbora terrestre con anillos blancos y negros que vive en el suelo.

Distribución

Israel, ¿Líbano?, Siria.

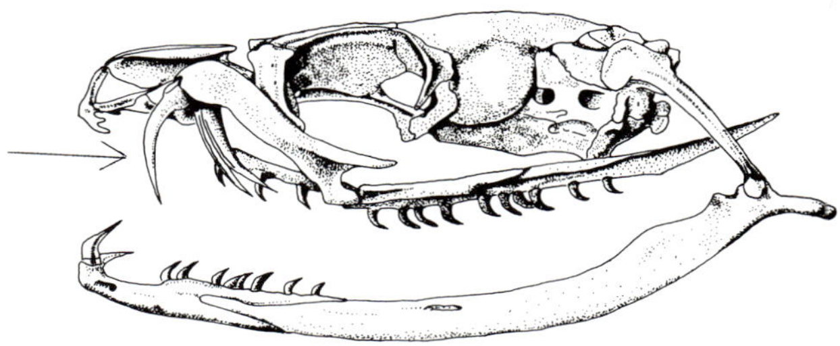

Cráneo de un elápido con dientes inoculadores de veneno anteriores con surco.

Los elápidos se asemejan más exteriormente a las inofensivas culebras que a las víboras, que poseen dientes venenosos. Sin embargo, poseen un veneno extremadamente eficaz que sobre todo tiene una acción sobre el sistema nervioso (acción neurotóxica) y algunas especies de esta familia son de las serpientes venenosas más temidas (por ejemplo, la Víbora de la muerte de Australia, la Cobra real en el sudeste asiático o las mambas del África).

Los dientes agrandados, situados en la parte anterior del maxilar superior (proteroglifos), son más pequeños que los dientes de las víboras y presentan un canal casi completamente cerrado, por el cual pasa el veneno durante la mordedura. Otra característica común de todos los elápidos es la ausencia de escama loreal.

Algunas especies, como por ejemplo las cobras escupidoras, pueden escupir el veneno a larga distancia y sobre un objetivo concreto. El área de distribución de este grupo de serpientes se extiende por el centro y sur de América, África, Asia, el archipiélago indoaustraliano y Australia. En la región descrita en el presente libro sólo se encuentran 2 especies de elápidos: el Áspid de Cleopatra *(Naja haje)* que se extiende por el norte de África hasta Siria, y la Cobra del desierto *(Walterinnesia aegyptia)* cuya área de distribución va desde Israel hasta Irán y la Península Arábiga.

Áspid de Cleopatra
Naja haje (LINNAEUS, 1758)
Familia elápidos (Elapidae)
F Cobra d'Egypte I Egyptian Cobra A Uräusschlange

▲ *Características:* Longitud en general 150-200 cm, pero también puede medir más de 240 cm.
Serpiente venenosa grande, de aspecto robusto. Cabeza relativamente grande, puntiaguda en la parte anterior, poco diferenciada del cuerpo. Ojos grandes con pupila redonda.
Escamas corporales lisas; 19-21 hileras de escamas dorsales hacia la mitad del cuerpo. Una escama anal indivisa. La parte superior de la cabeza presenta escamas grandes. Siete escamas supralabiales. Entre el borde inferior del ojo y las escamas supralabiales existe una serie de escamas pequeñas. No presenta escama loreal.
Coloración de fondo muy variable, desde amarillo pajiza hasta pardo clara, pardo oscura, pardo negruzca o grisácea. En general la coloración es uniforme, pero también existen ejemplares con manchas claras u oscuras o con bandas transversales pardo amarillentas y pardo negruzcas. En el cuello a veces presenta una o varias bandas transversales de grises a negras. Vientre de color uniforme, pardo amarillento, gris o gris azulado.
Cuando se la inquieta, esta serpiente levanta la parte anterior del cuerpo y despliega la región del cuello con sus costillas, quedando un capuchón ancho, ovalado y alargado en la nuca.
Elápido con dientes venenosos con surco de 8-10 mm de longitud situados en el maxilar superior. Posee un potentísimo veneno neurotóxico que actúa principalmente sobre la musculatura respiratoria. ¡Los accidentes por mordedura suelen ser mortales sin tratamiento serológico!

El Áspid de Cleopatra *(Naja haje)*, de más de 2 metros de longitud, es una cobra. En posición de amenaza se levanta y extiende la zona de la nuca. El veneno neurotóxico de sus dientes inoculadores de veneno anteriores con surco es extraordinariamente eficaz.

▲ *Hábitat:* Zonas variadas, pero siempre secas, cubiertas de rocas y matorrales. Estepas y sabanas, regiones limítrofes de los desiertos, laderas con montones de piedras y arbustos, oasis, wadis con ligera vegetación, márgenes de los campos, terraplenes de carreteras y zonas de ruinas abandonadas.

▲ *Biología:* Serpiente terrestre con actividad crepuscular o nocturna. Muy fiel a su lugar de residencia, permaneciendo en ocasiones durante años en un mismo agujero del suelo, bajo el mismo termitero o bloque de rocas. Muy rápida y ágil, con reacciones rapidísimas. Huye cuando tiene oportunidad. Cuando es acorralada, se levanta en su posición típica de amenaza con el capuchón de la nuca desplegado, pero sólo muerde cuando sigue siendo irritada.
Período de reposo invernal.

▲ *Alimentación:* Mamíferos pequeños, pájaros y sus huevos, lagartos, serpientes, ranas y sapos. Mata a su presa con una mordedura acompañada de un veneno neurotóxico extremadamente eficaz.

▲ *Reproducción:* Ovípara. Pone 8-20 huevos en tocones huecos de árboles, agujeros del suelo o debajo de rocas. Las serpientes jóvenes miden 23-24 cm al salir del huevo.

▲ *Singularidades:* Serpiente venenosa de aspecto robusto. Despliega un capuchón como reacción de amenaza. Gusta de ser exhibida por los encantadores de serpientes. Posee un veneno neurotóxico altamente eficaz.

Distribución

En el área aquí descrita, en el norte de África hasta Egipto e Israel. Tres subespecies *(N. h. haje, N. h. anchieta* y *N. h. annulifera)* que se distribuyen por toda África hasta la Península Arábiga.

Cobra del desierto

Walterinnesia aegyptia (LATASTE, 1887)
Familia elápidos (Elapidae)
F Cobra noire du désert I Black Desert Cobra A Schwarze Wüstenkobra

▲ *Características:* Longitud media 90-120 cm.
Serpiente desértica con aspecto de culebra. Cabeza poco diferenciada del cuerpo. Hocico plano y ancho. Ojos con pupila redonda. Escamas de la mitad anterior del cuerpo y la cola claramente carenadas, en la mitad posterior del cuerpo en cambio lisas (característica distintiva respecto a las cobras del género *Naja*). Veintitrés (rara vez 21) hileras de escamas dorsales hacia la mitad del cuerpo, 27 hileras de escamas alrededor de la nuca. Escama anal dividida. Algunas escamas subcaudales indivisas, la mayoría dobles. Una escama preocular muy larga en contacto con la escama nasal pos-

El hocico ancho y plano de *Walterinnesia aegyptia* revela una forma de vida predominantemente subterránea.
Este elápido posee un veneno neurotóxico muy potente –aunque los accidentes por mordedura son muy raros debido a su forma de vida oculta.

Walterinnesia aegyptia es un habitante del desierto de actividad nocturna. Ve mal y detecta sus presas sobre todo mediante su sentido del olfato.

terior. Dos escamas postoculares, delante de éstas una escama subocular. No presenta escama loreal. Coloración de fondo pardo oscura o negra, uniforme, brillante. Los animales jóvenes del área de distribución oriental presentan un dibujo dorsal con bandas transversales más claras a modo de silla de montar. Vientre algo más claro.

No puede formar un capuchón en la nuca.

Elápido con dientes venenosos con surco. Veneno neurotóxico altamente eficaz, aunque los accidentes por mordedura en el hombre son muy raros debido a la oculta forma de vida de estas serpientes.

▲ *Hábitat:* Zonas desérticas pedregosas y arenosas con escasa vegetación arbustiva, wadis, oasis y jardines con maleza. Debajo de rocas, en grietas de las rocas y en las madrigueras con mamíferos pequeños.

▲ *Biología:* Actividad nocturna; generalmente vida subterránea. Ve muy mal y detecta su presa principalmente mediante el sentido del olfato. Cuando se la sorprende, se aplasta contra el suelo y esconde la cabeza debajo del cuerpo. En caso de amenaza silba fuertemente y se defiende con fingidas mordeduras defensivas.

▲ *Alimentación:* Lagartos, serpientes pequeñas, ocasionalmente también sapos y ratones jóvenes o pequeños pájaros. Mata a sus presas mediante su venenosa mordedura.

▲ *Reproducción:* Poco conocida. Ovípara. Han sido observadas serpientes jóvenes recién salidas del huevo en septiembre.

▲ *Singularidades:* Elápido desértico de color pardo oscuro o negro. En la mitad anterior del cuerpo presenta escamas carenadas y en la parte posterior lisas. Capacidad visual muy débil, en cambio sentido del olfato excelente.

Distribución

Zonas desérticas del este de Egipto, Israel, Líbano, Siria, Jordania e Irak hasta el oeste de Irán y Península Arábiga.

Vipéridos (Viperidae)

En esta familia se incluyen dos grupos de serpientes: las víboras (subfamilia Viperinae) y los crotalinos (subfamilia Crotalinae).
Su característica principal es el aparato venenoso: en la parte anterior del maxilar superior presentan 2 o más grandes dientes tubulares (solenoglifos) sobre un hueso móvil, que en posición de reposo están doblados hacia atrás, de modo que quedan encerrados en una envoltura mucosa. Cuando la serpiente muerde, los dientes son proyectados hacia delante y al clavarse en la presa o un enemigo actúan como una jeringa de inyección. El veneno es altamente eficaz. En muchas especies puede resultar peligroso e incluso mortal para el hombre si no se aplica un tratamiento serológico. En primer lugar, sin embargo, este veneno sirve para matar y hacer la digestión previa de la presa.

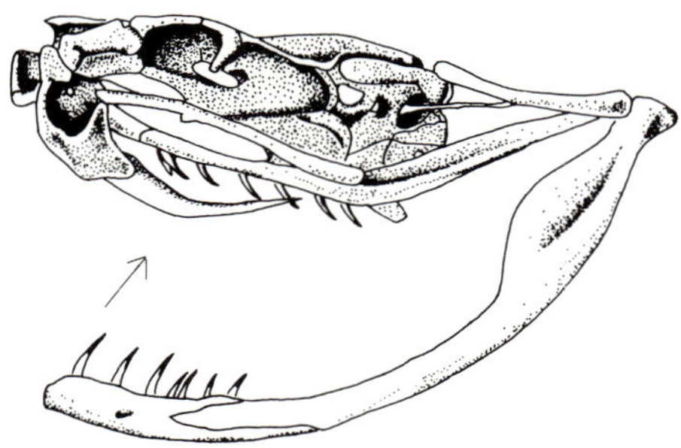

Cráneo de una víbora con dientes inoculadores de veneno tubulares anteriores que se hallan sobre un hueso móvil, y que en posición de reposo están plegados hacia atrás.

El aspecto de las serpientes de este grupo es en general robusto; las escamas corporales son carenadas, la cabeza es frecuentemente triangular y casi siempre está claramente diferenciada del cuerpo. En muchas especies, sobre todo en las víboras, la parte superior de la cabeza está recubierta de pequeñas escamas, o las escamas grandes están al menos divididas y reducidas de tamaño.
La principal diferencia entre las víboras y los crotalinos consiste en que los crotalinos poseen un órgano termosensorial –la denominada "foseta termosensible"– con el que pueden localizar presas de sangre caliente, incluso en plena oscuridad.
Las víboras y los crotalinos son predominantemente terrestres.

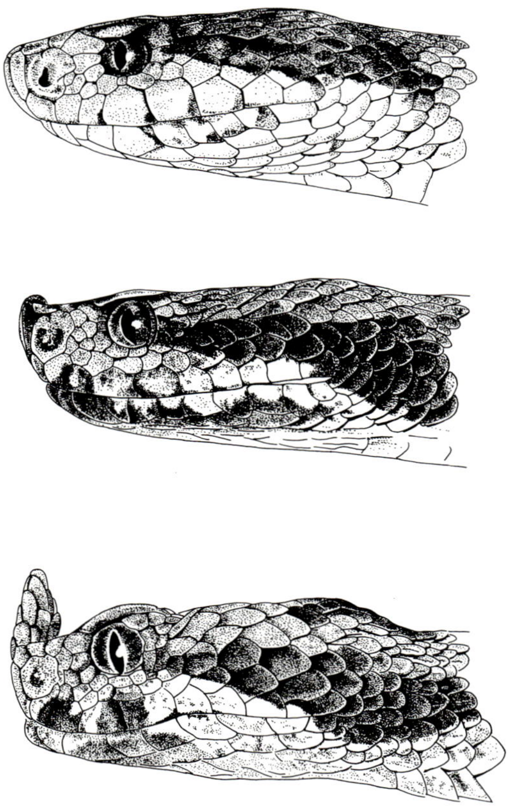

Las víboras habitan exclusivamente en el Viejo Mundo y en África, mientras que los crotalinos se encuentran principalmente en el Nuevo Mundo y en Asia. El Mocasín asiático es la única especie de crotalino que habita en Europa, en la zona más oriental, en la región del Mar Caspio.

Tres formas diferentes de escama rostral en el género *Vipera*:
Arriba: Víbora europea con hocico redondeado;
Centro: Víbora hocicuda con cuerno muy pequeño y levantado hacia arriba en el hocico;
Abajo: Víbora de cuerno con distintivo cuerno recubierto de varias escamas en el hocico.

Víbora cornuda

Cerastes cerastes (LINNAEUS, 1758)
Familia vipéridos (Viperidae)
Subfamilia víboras (Viperinae)
F Vipère à corne I Horned Viper A Hornviper

▲ *Características:* Longitud media 50-60 cm, a veces los 80 cm. Víbora deserticola de cuerpo macizo y cola corta. Cabeza ancha y triangular claramente diferenciada del cuerpo. Ojos con pupila vertical. Sobre cada ojo presenta un vistoso cuerno compuesto de una única escama. A veces aparecen ejemplares sin cuernos.
Escamas corporales carenadas. 26-37 hileras de escamas dorsales hacia la mitad del cuerpo. Las escamas de los flancos están carenadas a modo de dientes de sierra. La parte superior de la cabeza está cubierta por numerosas escamas carenadas. 4-5 hileras de escamas suboculares entre el borde inferior del ojo y las escamas supralabiales; 12-15 escamas supralabiales. Escamas ventrales con carenas laterales. Escamas subcaudales hendidas.
Coloración de fondo gris, amarillo arena, rojiza o pardusca. Sobre el dorso presenta una serie de manchas rectangulares pardo oscuras o gris parduscas dispuestas transversalmente. Flancos con manchas más pequeñas y oscuras, situadas entre las manchas del dorso. La parte superior de la cabeza no tiene dibujo; línea fina y oscura que va desde los ojos hasta las comisuras bucales. Vientre blanco porcelana, sin dibujo. Punta de la cola a veces negra.
Venenosa. Dientes tubulares. El veneno es muy activo (acción citotóxica). ¡En caso de mordedura tratar con suero!
▲ *Hábitat:* Desiertos arenosos o rocosos, frecuentemente con vegetación arbustiva escasa. Le gusta buscar refugio en los túneles de las madrigueras de los roedores. En la montaña no sobrepasa los 1500 m de altitud.
▲ *Biología:* Actividad predominantemente nocturna, en primavera también está activa a primeras horas de la mañana y por la tarde en el sol. No es muy agresiva pero está siempre dispuesta a huir. Se entierra rápidamente con la ayuda de sus escamas ventrales carenadas, hundiéndose en la arena al extender sus costillas. En

Son característicos de la Víbora cornuda los cuernecillos que se componen de una sola escama situados sobre los ojos.

La Víbora cornuda *(Cerastes cerastes)* presenta una coloración muy variable. Pueden haber ejemplares rojizos (izquierda, arriba) y de color amarillo arena (izquierda, abajo).

La Víbora cornuda *(Cerastes cerastes)* gusta de enterrarse en la arena hasta que sólo sobresalen los ojos y los cuernos (arriba derecha).

seguida sobresalen de la superficie de la arena, sólo los ojos, con los cuernos por delante de ellos, y a veces también la punta de la cola. Se desplaza por el suelo mediante movimientos ondulatorios que dejan un dibujo característico

La víbora cornuda *(Cerastes cerastes)* es una verdadera serpiente desertícola que produce un ruido característico con sus escamas carenadas de los flancos, y que se desplaza muy rápidamente por la arena mediante movimientos laterales ondulantes (derecha, abajo).

en la arena. Puede frotar sus escamas laterales, muy carenadas, unas contra otras mediante movimientos ondulantes, provocando así un zumbido de amenaza.
Tiene un período de hibernación de varios meses.

▲ *Alimentación:* Mamíferos pequeños (ratones), lagartos y pájaros pequeños. Mata sus presas mediante su mordedura.

▲ *Reproducción:* Ovípara. Apareamiento en abril-mayo. En julio-agosto se depositan 10-16 huevos, que pueden estar pegados formando un conglomerado. Las serpientes jóvenes salen después de 6-8 semanas.

▲ *Singularidades:* Serpiente deserticola típica. Encima del ojo presenta un cuerno puntiagudo compuesto por una sola escama. Le gusta enterrarse en la arena. Desplazamiento lateral ondulante. Produce un zumbido con sus escamas carenadas de los flancos. El veneno es muy potente (acción citotóxica).

Distribución

Todo el norte de África hasta Egipto con la Península del Sinaí, Israel, Jordania, sur de Irak y Arabia Saudí.

2 subespecies:
C. c. cerastes (norte de África desde Mauritania hasta Egipto),
C. c. gasperetti (Península del Sinaí, Israel, Jordania, Irak, Arabia Saudí).

Víbora colinegra

Cerastes vipera (LINNAEUS, 1758)
Familia vipéridos (Viperidae)
Subfamilia víboras (Viperinae)
F Vipère d'Avicenna I Avicenna's Viper A Avicennaviper

▲ *Características:* Longitud media aproximadamente 35 cm; longitud máxima hasta 50 cm.
Serpiente deserticola pequeña y rechoncha, muy parecida a la Víbora cornuda *(Cerastes cerastes).* Cabeza ancha y plana, claramente diferenciada del cuerpo. No presenta cuernos encima de las escamas supraoculares. Ojos dirigidos oblicuamente hacia arriba (característica de diferenciación de la Víbora cornuda, cuyos ojos están dirigidos hacia los lados) y con pupilas verticales.
Escamas corporales muy carenadas. 23-27 hileras de escamas dorsales hacia la mitad del cuerpo. Escamas de los lados carenadas en forma de dientes de sierra. Parte superior de la cabeza cubierta con muchas escamas carenadas. 3-4 hileras de escamas suboculares entre el borde inferior de los ojos y las escamas supralabiales; 10-12 escamas supralabiales. Escamas ventrales con fuerte carenado lateral. Escamas subcaudales hendidas.
Coloración de fondo de color arena, pardo amarillenta o pardo rojiza. Dibujo dorsal con manchas

La Víbora colinegra *(Cerastes vipera)* se parece mucho a la Víbora cornuda, pero no presenta cuernos sobre los ojos. También se desplaza mediante movimientos laterales ondulantes.

Los ojos de la Víbora colinegra *(Cerastes vipera)* están dirigidos oblicuamente hacia arriba –una adaptación al comportamiento de enterrarse en la arena del desierto.

poco diferenciadas, pardo herrumbre, de igual tamaño que las manchas de los flancos. Parte superior de la cabeza sin dibujo, en ocasiones con escamas oscuras aisladas. Vientre de color amarillo claro uniforme. La punta de la cola es negra en las hembras y de color uniforme en los machos o con unos pocos anillos pardos.
Venenosa. Dientes tubulares. Veneno extremadamente eficaz (acción citotóxica). Peligrosa para el hombre. Después de la mordedura es necesaria atención médica y tratamiento con suero.
▲ *Hábitat:* Preferentemente desiertos de arena, ocasionalmente con escasa vegetación, donde se

Distribución

Sahara desde Mauritania hasta Egipto, también Mali y Nigeria, Israel y Líbano.

encuentra junto con la Víbora cornuda *(Cerastes cerastes)*. Descansa enterrada bajo la arena o en los túneles de las madrigueras de los roedores.

▲ *Biología:* Actividad predominantemente nocturna, ocasionalmente también está activa durante el crepúsculo. Poco agresiva. Al igual que la Víbora cornuda, se entierra en la arena suelta del desierto mediante movimientos producidos por la extensión de las costillas, hasta que ya sólo se pueden ver los ojos dirigidos hacia arriba. Se desplaza por la superficie de la arena mediante movimientos laterales. Produce un zumbido de amenaza frotando las escamas fuertemente carenadas de los flancos unas contra otras mediante movimientos ondulantes del cuerpo.

▲ *Alimentación:* Lagartos y pequeños roedores. Mata sus presas con su venenosa mordedura.

▲ *Reproducción:* Ovovivípara. Las 3-5 serpientes nacen con una envoltura de la que pronto salen.

▲ *Singularidades:* Pequeña víbora del desierto. No tiene cuernos sobre los ojos. Se entierra en la arena hasta que sólo sobresalen los ojos, que están dirigidos hacia arriba. Movimientos laterales ondulantes. Produce un zumbido de amenaza con las escamas de los flancos. Ovovivípara. Veneno eficaz (acción citotóxica).

La Víbora colinegra *(Cerastes vipera)* también se entierra en la arena suelta del desierto (arriba) hundiéndose prácticamente mediante un movimiento de extensión lateral de sus costillas (centro).
Finalmente sólo sobresalen la cabeza con los ojos dirigidos hacia arriba y la punta de la cola (¿para atraer a las presas?) por encima de la superficie (abajo).

Gariba

Echis carinatus (SCHNEIDER, 1801)
Familia vipéridos (Viperidae)
Subfamilia víboras (Viperinae)
F Echide carénée I Saw-scaled Viper A Sandrasselotter

▲ *Características:* Longitud media 60-70 cm, pero puede sobrepasar ligeramente los 80 cm.
Víbora deserticola, corpulenta pero de aspecto esbelto. Cabeza triangular redondeada claramente diferenciada del cuerpo. Ojos grandes con pupilas verticales.
Escamas corporales muy carenadas; 25-37 hileras de escamas dorsales hacia la mitad del cuerpo. Escamas de los flancos carenadas en forma de dientes de sierra hacia abajo. Parte superior de la cabeza con escamas carenadas. Dos hileras de escamas suboculares entre el borde inferior del ojo y las escamas supralabiales; 10-12 escamas supralabiales. Escamas subcaudales indivisas (carac-

La Gariba *(Echis carinatus)* es una serpiente venenosa maciza, de dibujo muy variable, que habita en regiones secas desérticas y semidesérticas. Al igual que la Víbora cornuda *(Cerastes cerastes)* o la Víbora colinegra *(Cerastes vipera)* produce un ruido de advertencia con las escamas carenadas de los flancos.

Cuando se siente amenazada, la Gariba *(Echis carinatus)* mantiene la cabeza apoyada en el cuerpo lista para atacar, y es rapidísima cuando lo hace. Su veneno es muy potente y también muy peligroso para el hombre.
La Gariba es considerada como una de las serpientes más venenosas.

terística típica de la especie *Echis;* todas las demás especies poseen escamas subcaudales hendidas). La coloración y dibujo de esta especie son muy variables. Coloración de fondo pardo grisácea, pardo arena, pardo amarillenta o pardo oscura. La mitad del dorso generalmente es más oscura que los flancos y está cubierta por una serie de manchas claras con bordes oscuros que están dispuestas transversalmente y que van desde la nuca hasta la cola. En los flancos presenta una línea ondulada clara limitada en la parte inferior por bordes más oscuros, que en ocasiones acaba en líneas en forma de V con la punta dirigida hacia arriba, y situadas sobre manchas más oscuras. En la parte superior de la cabeza presenta un dibujo claro rodeado de bordes oscuros en forma de X, Y o de dardo. Vientre de color blanco crema o blanco porcelana con manchas dispersas oscuras.

Venenosa. Grandes dientes tubulares. Veneno muy eficaz (acción citotóxica) y por ello muy peligrosa para el hombre. ¡Sin tratamiento con suero, las mordeduras son mortales!

Echis carinatus pyramidum es la subespecie oriental de *Echis carinatus* de las dos existentes en la zona aquí descrita. Su área de distribución va de Egipto a la Península Arábiga.

▲ *Hábitat:* Regiones secas cubiertas de rocas, piedras y arbustos, wadis y laderas de montañas en regiones desérticas, también en márgenes de tierras de cultivo y jardines cubiertos de maleza, sobre todo en la zona de los oasis.

Distribución

África del norte, occidental y central hasta Asia occidental, India, Pakistán y Sri Lanka. En el área aquí descrita en todo el norte de África hasta Egipto.

Varias subespecies:
E. c. carinatus (India),
E. c. astolae (isla de Astola delante de la costa de Pakistán),
E. c. leakeyi (Kenia, sur de Etiopía y Somalia),
E. c. ocellatus (África occidental),
E. c. pyramidum (Egipto y Península Arábiga),
E. c. sinhaleyus (Sri Lanka),
E. c. sochureki (sur de la CEI, Irán, ¿Irak?, ¿Afganistán?, Pakistán y norte de la India).

La subespecie *pyramidum* es considerada por algunos zoólogos como especie aparte, pero esta cuestión aún está siendo discutida.

Desde el nivel del mar hasta casi los 2000 metros de altitud en regiones montañosas.

▲ *Biología:* Actividad predominantemente nocturna. Se desplaza con movimientos ondulantes laterales. Al igual que la Víbora cornuda y la Víbora colinegra, produce un fuerte zumbido frotando las escamas fuertemente carenadas de los flancos; con ello evita sobre todo una gran pérdida de aire húmedo de la respiración. ¡Es muy irritable! En caso de amenaza enrosca el cuerpo en forma de plato, mantiene la cabeza sobre el cuerpo en posición de alerta y muerde rapidísimamente.

▲ *Alimentación:* Mamíferos pequeños (ratones y otros roedores), pájaros, lagartos, serpientes más pequeñas y sapos. Mata sus presas con su mordedura.

▲ *Reproducción:* En general es ovovivípara, hasta 15 serpientes en una camada. La subespecie *leakeyi* pone huevos, al igual que se ha sospechado otras formas del norte de África (por ejemplo, la subespecie *pyramidum*).

▲ *Singularidades:* Serpiente venenosa con dibujo variable de las áreas secas desérticas y semidesérticas. Se desplaza con movimientos laterales ondulantes. Produce un zumbido de amenaza con las escamas de los flancos. En parte ovovivípara, en parte ovípara. Fácilmente irritable. Veneno eficaz (acción citotóxica).

¡La Gariba se considera una de las víboras más venenosas!

Víbora de escamas aserradas árabe

Echis coloratus (GUENTHER, 1878)

Familia vipéridos (Viperidae)

Subfamilia víboras (Viperinae)

F Echide carénée d'Arabie I Arabian Saw-scaled Viper A Arabische Sandrasselotter

▲ *Características:* Longitud media 60-80 cm.

Es muy similar a la Gariba *(Echis carinatus)* aunque es algo más esbelta. Cabeza triangular bien diferenciada del cuerpo. Ojos con pupila vertical.

Escamas corporales muy carenadas; 23-27 hileras de escamas dorsales hacia la mitad del cuerpo. Escamas de los flancos carenadas en forma de dientes de sierra. La parte superior de la cabeza está cubierta de muchas escamas pequeñas; 3-4 hileras de escamas suboculares entre el borde inferior del ojo y las escamas supralabiales, en comparación con las 2 hileras de la Gariba (importante característica diferenciadora entre ambas especies). 12-15 escamas supralabiales.

Coloración de fondo gris amarillenta, gris pardusca o pardo herrumbre, más oscura hacia la mitad del dorso. A lo largo de la mitad del dorso presenta una serie de manchas transversales ovaladas-romboidales (en ocasiones bandas transversales cortas), con bordes oscuros y centro gris claro o rosado. En los flancos presenta manchas gris azuladas. Parte superior de la cabeza sin dibujo di-

La coloración de la Víbora de escamas aserradas árabe *(Echis coloratus)* es extraordinariamente variable:

Puede ser oscura o clara (izquierda), y algunos ejemplares incluso son de color rojo anaranjado (a la derecha, arriba y abajo), pero la conjunción de la coloración de fondo y el dibujo siempre son muy ricos en contrastes.

La Víbora de escamas aserradas árabe *(Echis coloratus)* es un habitante de los desiertos rocosos. Su aspecto y biología se parecen mucho a los de la Gariba *(Echis carinatus)*.

ferenciado, ocasionalmente manchas pequeñas, irregulares. Banda oscura en las sienes que va desde el ojo a la comisura bucal. Vientre de color blanco.
Venenosa. Grandes dientes tubulares. Veneno muy eficaz y peligroso para el hombre. Las mordeduras suelen ser mortales; ¡son necesarios atención médica y tratamiento con suero!

▲ *Hábitat:* Desiertos rocosos montañosos con laderas pedregosas y escasa vegetación con arbustos espinosos. En zonas montañosas se encuentra hasta los 2600 metros de altitud.
▲ *Biología:* Similar a la Gariba. Actividad diurna y nocturna. Se desplaza con movimientos ondulantes laterales. Produce un zumbido mediante el frotamiento de

las escamas carenadas de los flancos. Es tan irritable como la Gariba, con una conducta defensiva similar, de ataque rápido.
▲ *Alimentación:* Mamíferos pequeños, lagartos, serpientes. Mata su presa por mordedura venenosa.
▲ *Reproducción:* Ovípara. Pone 7-9 huevos que se pegan sobre un sustrato duro.
▲ *Singularidades:* El aspecto y la forma de vida son muy similares a los de la Gariba. Habitante de desiertos rocosos. Se desplaza con movimientos laterales ondulantes. Produce un zumbido con las escamas de los flancos como amenaza. Ovípara. Se irrita con facilidad El veneno es muy activo.

Distribución

Egipto al este del Nilo, Península del Sinaí, Israel, Península Arábiga incluyendo Arabia Saudí.

Pseudocerastes persicus (Schmidt, 1930)
Familia vipéridos (Viperidae)
Subfamilia víboras (Viperinae)
F Vipère à corne faux de Perse I Persian False Hornviper A Persische Trughornviper

▲ *Características:* Longitud media 60-70 cm, puede alcanzar los 90 cm. Víbora de tamaño medio. Cabeza ancha y triangular, muy bien diferenciada del cuerpo. Ojos pequeños con pupila vertical-elíptica. Las escamas supra-oculares forman pequeños cuernos cubiertos de varias escamas, situadas por encima de los ojos. Los orificios nasales están dirigidos hacia arriba y hacia fuera.
Escamas dorsales carenadas. Las de los flancos no lo están pero a veces presentan un pequeño tubérculo en la punta. La subespecie *fieldi* posee 21-23 hileras de escamas dorsales hacia la mitad del cuerpo (en comparación con las 23-25 de *P. p. persicus*). La parte superior de la cabeza está recubierta de pequeñas escamas. Tres hileras de escamas suboculares entre el borde inferior del ojo

Pseudocerastes persicus presenta sobre el ojo un cuerno compuesto de escamas supraoculares.

y las escamas supralabiales. Trece escamas supralabiales.

Coloración de fondo gris, gris amarillenta o pardo grisácea. Dibujo dorsal consistente en manchas o bandas transversales oscuras que pueden parecer desteñidas. En los flancos manchas más pequeñas. La parte superior de la cabeza no tiene dibujo o posee pequeñas manchas difusas. Banda oscura en las sienes que va desde los ojos a las comisuras bucales. Vientre gris blanquecino, ocasionalmente con manchas más oscuras. La punta de la cola de los animales adultos es negra.

Venenosa. Dientes tubulares. El veneno es muy eficaz. En caso de mordedura es necesario el tratamiento con suero.

▲ *Hábitat:* Semidesierto con suelo arenoso o rocoso y con escasos arbustos. Busca refugio en grietas de las rocas y en las madrigueras de pequeños roedores.

▲ *Biología:* Actividad diurna (primavera) y durante el crepúsculo y la noche (épocas calurosas). Se desplaza con movimientos laterales ondulantes y es una verdadera víbora del desierto. Muy asustadiza; evita la proximidad de los asentamientos humanos. Resopla fuertemente en caso de amenaza pero rara vez muerde.

▲ *Alimentación:* Ratones, pequeños pájaros y lagartos. Mata sus presas mediante mordedura.

▲ *Reproducción:* Ovípara. Pone 11-21 huevos que contienen embriones ya desarrollados. Apareamiento en mayo-junio, puesta a principios de agosto. Eclosión en septiembre.

▲ *Singularidades:* Víbora desertícola con un cuerno pequeño formado por varias escamas situado por encima del ojo. Habita semidesiertos. Se desplaza con movimientos laterales ondulantes. Veneno muy activo.

Distribución

Israel, Líbano; además Jordania, Irak, Península Arábiga, Irán, Afganistán hasta el oeste de Pakistán.

Subespecies:
P. p. persicus (Irak, Península Arábiga, Irán, Afganistán hasta el oeste de Pakistán),
P. p. fieldi (Israel, Líbano, Jordania).

Víbora de cuerno

Vipera ammodytes (LINNAEUS, 1758)
Familia vipéridos (Viperidae)
Subfamilia víboras (Viperinae)
F Vipère des sables It Vipera dal corno I Nose-horned Viper
A Sandotter, Europäische Hornotter

▲ *Características:* Longitud generalmente 60-80 cm, pero también puede alcanzar los 90 o incluso 110 cm. Las formas insulares, sin

La Víbora de cuerno *(Vipera ammodytes)* es una víbora grande y fuerte con una banda oscura ondulada o en zigzag en el dorso y un distintivo cuerno de escamas situado sobre el hocico (arriba).

El cuerno situado sobre el hocico de la Víbora de cuerno *(Vipera ammodytes)* está formado por varias escamas y caracteriza a las subespecies según el tamaño y el número de ellas. La pupila es como en todas las víboras, vertical (izquierda).

Derecha: la variabilidad de la Víbora de cuerno *(Vipera ammodytes)* se refleja en una serie de subespecies descritas que pueden tener coloraciones muy variables. Aquí tenemos algunos ejemplos:

La forma *Vipera ammodytes ammodytes* puede ser gris (arriba), rojiza (centro) o amarillo arena (abajo). Su área de distribución se extiende por los Balcanes, desde Yugoslavia hasta Albania y el noroeste de Bulgaria.

Vipera ammodytes gregorwallneri vive en Austria y en el extremo norte de Yugoslavia (arriba, a la izquierda).

Vipera ammodytes meridionalis coloniza el área que va desde el sur de Yugoslavia y sur de Albania, pasando por Grecia, hasta el oeste de Turquía (arriba, a la derecha).

Fotografía de la cabeza de *Vipera ammodytes meridionalis* (izquierda).

embargo, no superan los 40-50 cm. Los machos son claramente más grandes que las hembras.

Serpientes fuertes, relativamente largas para ser víboras europeas. Cabeza triangular, bien definida y con un cuerno en el hocico recubierto de varias escamas. Ojos con pupila vertical.

Escamas corporales carenadas; 21-23 hileras de escamas dorsales hacia la mitad del cuerpo. La parte superior de la cabeza está recubierta de pequeñas escamas y sobre cada ojo existe una gran escama supraocular. Dos hileras de escamas suboculares entre el borde inferior del ojo y las escamas supralabiales. El número de escamas ventrales es de 150-163.

Coloración de fondo muy variable, gris clara a aceituna grisácea, parda desde pardo clara pasando por pardo rojiza hasta pardo oscura, ocasionalmente también amarillenta o rosa pardusca. Existen serpientes negras (melanismo). El dibujo dorsal consiste en

El área de distribución de *Vipera ammodytes montandoni* va desde Rumania, pasando por el norte de Bulgaria, hasta la Turquía europea (arriba).

En las islas griegas del Egeo vive una forma enana de la Víbora de cuerno, que hasta ahora había sido incluida en *Vipera ammodytes meridionalis*, pero que probablemente sea una especie aparte (derecha).

una banda oscura bien delimitada en zigzag o en un dibujo de rombos unidos por estrechas bandas; sólo en la subespecie *transcaucasiana* existe una tendencia a un puro dibujo de bandas transversales. En los flancos presenta puntos oscuros más pequeños. La parte superior de la cabeza no tiene dibujo o posee un dibujo en V abierta hacia atrás oscura, en la zona de transición de la nuca. El llamativo dibujo dorsal, tan contrastado, aparentemente proporciona a los animales un camuflaje que disimula su cuerpo.

Vientre gris, rojizo o gris amarillento, frecuentemente con manchas oscuras o marmóreas. La parte inferior de la cola puede ser verde, amarilla o roja.

Venenosa. Dientes tubulares. El veneno es en extremo fuerte y actúa principalmente sobre la sangre y el sistema vascular (acción citotóxica). Peligrosa para el hombre. Es necesario el tratamiento con suero tras la morde-

Vipera ammodytes ruffoi se presenta en la región alpina del norte de Italia (arriba).

Vipera ammodytes transcaucasiana se extiende desde el nordeste de Turquía hasta Transcaucasia (abajo).

dura. Sin embargo, se conocen pocos casos mortales.

▲ *Hábitat:* Zonas secas. Laderas pedregosas cubiertas de arbustos, montones de piedra, muros de piedra, jardines cubiertos de malezas, márgenes de prados y bosques, robledales claros, zonas áridas entre campos labrados, pero también en las orillas de los arroyos y los ríos o en los márgenes de pantanos y lagos. En zonas montañosas puede llegar hasta los 2000 m de altitud, aunque es un animal de tierras más bajas.

▲ *Biología:* Actividad diurna y crepuscular. Gusta de tomar el sol a primeras horas de la mañana antes de retirarse a la penumbra al mediodía. Caza las presas principalmente durante el crepúsculo y la noche. Es relativamente lenta. En caso de peligro siempre intenta huir. Cuando está acorralada silba fuertemente y sólo muerde, con la parte anterior del cuerpo levantada y curvada hacia atrás, cuando se la quiere apresar. Tiene un período de hibernación de 2-6 meses. En los lugares favorables para la hibernación se reúnen grandes cantidades de Víboras de cuerno, que a veces llegan a varios cientos.

▲ *Alimentación:* Ratones y otros mamíferos pequeños, pájaros, lagartos y serpientes pequeñas. Mata sus presas mediante su venenosa mordedura.

▲ *Reproducción:* Ovovivípara. Apareamiento en primavera después de la hibernación y de la primera muda de camisa. Se pueden observar luchas entre machos antes del apareamiento. De finales de agosto a principios de octubre nacen 4-20 jóvenes serpientes, que se alimentan en un principio de pequeños lagartos y grandes insectos.

▲ *Singularidades:* Vistoso cuerno en el hocico. Dibujo oscuro de ondas o en zigzag en el dorso. El veneno es muy fuerte.
En Austria está protegida.

Distribución

Desde Austria (Carintia, Estiria) a los países balcánicos, Grecia con las islas Cícladas hasta el oeste de Turquía y Transcaucasia al sur de la CEI (¿quizá también Siria y el Líbano?). Se encuentra aisladamente en la región alpina del norte de Italia.

6 subespecies:

V. a. ammodytes (Yugoslavia, Albania, sudoeste de Rumania, noroeste de Bulgaria),

V. a. gregorwallneri (este de Austria, quizá hasta el extremo norte de Yugoslavia),

V. a. meridionalis (sur de Yugoslavia, sur de Albania, Grecia con las islas Cícladas, oeste de Turquía),

V. a. montandoni (Rumania, norte de Bulgaria hasta el Mar Negro, Turquía europea),

V. a. ruffoi (región alpina del norte de Italia),

V. a. transcaucasiana (nordeste de Turquía hasta Transcaucasia, quizá norte de Irán; está muy protegida en la CEI).

Es muy posible que en las islas Cícladas viva una especie aparte. Sin embargo, aún no se han publicado investigaciones sobre ello.

Víbora áspid

Vipera aspis (LINNAEUS, 1758)
Familia vipéridos (Viperidae)
Subfamilia víbora (Viperinae)
Cat Escurçó pirinenc Vas Suge F Vipère aspic It Vipera comune I Asp Viper A Aspisviper

▲ *Características:* Longitud media 60-70 cm, excepcionalmente alcanza los 90 cm.
Víbora rechoncha, relativamente corta. Cabeza claramente diferenciada del cuerpo, triangular y algo respingona en el hocico (no tiene cuerno en el hocico). Ojos con pupila vertical. Las escamas supraoculares forman un borde agudo por encima de los ojos.
Escamas corporales carenadas; 21-23 hileras de escamas dorsales hacia la mitad del cuerpo. Escama anal indivisa. 2-3 hileras de escamas suboculares entre el borde inferior del ojo y las escamas supralabiales.
Coloración de fondo gris clara, amarillo grisácea, rojo pardusca, anaranjada o negra uniforme (melanismo). El dibujo dorsal consiste en 2 hileras de manchas oscuras, rectangulares, que pueden fundirse formando una banda ondulada o en zigzag. En los flancos presenta una serie de manchas en forma de barras transversales oscuras, dispuestas alternadamente respecto a las manchas dorsales. La cola frecuentemente es amarilla o ana-

La Víbora áspid *(Vipera aspis)* posee un dibujo característico en el dorso, consistente en dos hileras de manchas oscuras y rectangulares, que a veces pueden fundirse formando una banda ondulada o en zigzag (arriba).

La parte superior de la cabeza de la Víbora áspid *(Vipera aspis)* forma un reborde agudo desde los ojos hasta el hocico. Éste está ligeramente levantado pero no posee ningún cuerno (abajo).

Podemos presentar las fotografías de 4 de las 5 subespecies de la Víbora áspid *(Vipera aspis)*:

La subespecie *Vipera aspis aspis* se encuentra en la mayor parte del área de distribución (arriba). *Vipera aspis atra* se distribuye desde los Alpes del sudeste de Francia pasando por Suiza central, hasta el noroeste de Italia (abajo).

Vipera aspis francisciredi habita desde el sur de Suiza hasta el centro de Italia y en Elba (arriba).

Vipera aspis hugyi vive en el sur de Italia y en Sicilia (abajo).

ranjada hacia la punta. Cabeza con banda oscura en las sienes que va desde los ojos hasta el cuello. Vientre gris con velo.

Venenosa. Dientes tubulares. El veneno es más potente que el de la Víbora europea. La mordedura debería tratarse con suero.

▲ *Hábitat:* Zonas con colinas o regiones montañosas. Laderas secas y soleadas cubiertas de rocas, arbustos y murallas de piedra, también en la vertiente sur de valles fluviales. En la montaña llega hasta los 2500 metros.

▲ *Biología:* Serpiente terrestre. En primavera y otoño tiene una actividad sobre todo diurna y en verano, durante el crepúsculo. Evita el viento. Toma el primer baño de sol a primeras horas de la mañana. Asustadiza. Cuando se siente amenazada o es apresada muerde ferozmente. Hiberna 6 meses.

▲ *Alimentación:* Ratones, lagartos, pequeños pájaros. Mata sus presas con su mordedura.

▲ *Reproducción:* Ovovivípara. Se aparea en mayo poco después del período hibernal. A finales de agosto-septiembre nacen 5-15 jóvenes serpientes.

▲ *Singularidades:* Parte superior de la cabeza angulosa y hocico respingón, pero no tiene cuerno. Con aparato dental venenoso.

Distribución

Nordeste de España, Pirineos y País Vasco, sur y centro de Francia, sur, centro y oeste de Suiza, Italia con Elba y Sicilia, norte de ¿Istria?, aisladamente en el sur de la Selva Negra.

5 subespecies:
V. a. aspis (en la mayor parte del área de distribución),
V. a. atra (Alpes del sudeste de Francia, centro de Suiza y noroeste de Italia),
V. a. francisciredi (sur de Suiza hasta el centro de Italia y Elba),
V. a. hugyi (sur de Italia y Sicilia),
V. a. zinnikeri (Pirineos franceses, Gascuña).

Víbora europea

Vipera berus (LINNAEUS, 1758)
Familia vipéridos (Viperidae)
Subfamilia víboras (Viperinae)
Gall Vibora Vas Suge-gorri Port Víbora-negra F Vipère péliade It Marasso
I Adder or Common Viper A Kreuzotter

▲ *Características:* Longitud media 60-75 cm, pero también puede alcanzar los 85 cm. Las hembras generalmente son más grandes que los machos.

Cuerpo robusto pero con aspecto esbelto. Cabeza poco diferenciada del cuerpo. Hocico redondeado, no levantado. Ojos con iris rojizo y pupila vertical.

La Víbora europea *(Vipera berus)* es la serpiente venenosa más difundida por Europa y en Escandinavia llega incluso hasta algo más allá del círculo polar. Son características distintivas la banda oscura en zigzag del dorso y el dibujo en X o V de la parte posterior de la cabeza (arriba).

La cabeza de la Víbora europea *(Vipera berus)* está relativamente poco diferenciada del cuerpo, y el hocico está regularmente redondeado (abajo).
La mordedura venenosa de la Víbora europea es extraordinariamente dolorosa, pero en el hombre casi nunca es mortal.

Escamas corporales carenadas. Veintiuna hileras de escamas dorsales hacia la mitad del cuerpo. En la parte superior de la cabeza presenta una escama frontal y escamas parietales grandes y del todo desarrolladas. Serie de escamas suboculares entre el borde inferior de los ojos y las escamas supralabiales, que son nueve. Coloración de fondo muy variable, parda, gris plateada, amarilla, verde aceituna, gris azulada, anaranjada, pardo rojiza o rojo cobre. Frecuentemente aparecen ejemplares completamente negros (melanismo), especialmente en regiones pantanosas y en zonas montañosas altas en el límite de los árboles. Dibujo dorsal vistoso, con una banda en zigzag oscura y ancha, que también puede ser una banda ondulada o de rombos o formar bandas transversales aisladas (subespecie *bosniensis*). En los flancos presenta una serie de manchas redondas y oscuras. En la parte posterior de la cabeza existe un dibujo en forma de X o en V con la punta dirigida hacia delante. Banda ancha y nítida en las sienes que va desde los ojos hasta el cuello. Vientre pardo grisáceo, pardo negruzco o negro, ocasionalmente con manchas más claras. Parte inferior de la punta de la cola amarilla, anaranjada o rojo ladrillo. **Venenosa. Dientes tubulares. El veneno actúa en primer lugar sobre la sangre y el sistema vascular (acción citotóxica). Las mordeduras en el hombre son raras y no suelen ser mortales, pero sí muy dolorosas; se recomienda acudir al médico y aplicar el tratamiento con suero.**

▲ *Hábitat:* Muy variable y múltiple. Necesita biotopos con fuertes variaciones de la temperatura diurna/nocturna y una elevada humedad del aire, sobre todo en ciénagas, pantanos, taludes y prados montañosos cerca del límite de los árboles. Habita en márgenes y claros de bosques, canteras, márgenes de campos, bosques claros de árboles aciculifolios y abedules y en las orillas de pantanos, lagos y arroyos. En las zonas montañosas llega hasta los 3000 metros de altitud. Halla refugio en matorrales, debajo de las raíces de los árboles, en montículos de piedras y en los túneles de las madrigueras de roedores.

La Víbora europea *(Vipera berus)* puede tener una coloración muy variable:
Existen ejemplares de color negro uniforme (arriba) sobre todo en zonas pantanosas (Alta Baviera) y regiones montañosas altas. Este hermoso animal (abajo) de cabeza de un tono rojo cobre es nativo del centro de Europa.

▲ *Biología:* Actividad diurna, sólo es activa durante el crepúsculo cuando hace mucho calor. Toma el sol a primeras horas de la mañana y a última hora de la tarde alcanza su temperatura óptima de reacción de 30-33 °C. Es especialmente vivaz en días calurosos y sofocantes y después de largos períodos de lluvia; no le gusta el

Las hembras de la Víbora europea son ovovivíparas. Las crías nacen envueltas en una mucosa transparente de la cual se liberan después del nacimiento (arriba).
Las Víboras europeas recién nacidas siempre presentan el dibujo en zigzag rico en contrastes. El cambio de color se produce al crecer (abajo).

viento. Nada bien. Sale pronto de su período de hibernación, en algunas regiones incluso ya en marzo-abril. En general es asustadiza. En caso de peligro la primera reacción es la huida a la vegetación o a debajo de las piedras; sólo cuando se siente acorralada silba y adelanta la parte superior del cuerpo para morder. Tiene un período de hibernación de 5-7 meses que en el círculo polar puede llegar a los 8 meses. Hiberna en grandes números en cuarteles comunitarios.

▲ *Alimentación:* Ratones, pájaros jóvenes, lagartos y sapos. Mata sus presas mediante su venenosa mordedura. Espera después de la inyección venenosa hasta que la presa haya muerto y luego la devora íntegramente comenzando por la cabeza. Durante el período de digestión se mueve con bastante lentitud y torpemente.

▲ *Reproducción:* Ovovivípara. Apareamiento en abril-mayo. Antes de la cópula, que dura varias horas, hay un largo cortejo. Los machos frecuentemente luchan entre sí. Los jóvenes nacen a finales de agosto-comienzos de octubre en camadas de 5-15 (rara vez 20) serpientes rodeadas por una envoltura mucosa transparente de la que pronto saldrán. La hembra tiene un aspecto marchito y arrugado tras el alumbramiento. Al mudar la primera camisa, las jóvenes serpientes pronto cazarán lagartos jóvenes y sapos. Las Víboras europeas jóvenes requieren un período de 3-4 años para poder reproducirse.

▲ *Singularidades:* Es la serpiente venenosa más difundida en Europa. Presenta un nítido dibujo de bandas en zigzag en el dorso; en la parte posterior de la cabeza tiene un dibujo en X o V. Le gusta el frío y la humedad; su hábitat son las zonas pantanosas y las regiones montañosas altas. Ovovivípara. El veneno actúa sobre la sangre y el sistema vascular. Los accidentes pueden evitarse siendo prudentes (no ir descalzo, tener cuidado al coger bayas y setas, no tocar las serpientes).
El número de animales de esta

especie se ha reducido espectacularmente, por lo que actualmente esta especie está muy protegida en muchos países de Europa (por ejemplo Suiza, Austria, Alemania o Inglaterra).

Distribución

Centro y norte de Europa desde Inglaterra y Francia pasando por los países alpinos, centro de Europa, países balcánicos del norte y Escandinavia hasta un poco más allá del círculo polar (es la especie de serpiente que se halla más al norte), Polonia, Checoslovaquia, Hungría, norte de la CEI hasta el Lejano Oriente y Sajalín.

3 subespecies:
V. b. berus (la mayor parte del área de distribución),
V. b. bosniensis (Yugoslavia desde el sur de Eslovenia hasta Macedonia, norte de Albania, oeste de Bulgaria),
V. b. sachalinensis (sudeste de Siberia, norte de Mongolia, Sajalín y la isla de Schantar).

Víbora del Líbano

Vipera (Daboia) bornmuelleri (WERNER, 1898)
Familia vipéridos (Viperidae)
Subfamilia víboras (Viperinae)
F Vipère de Libanon I Libanon Viper A Libanesische Bergotter

▲ *Características:* En el Líbano alcanza una longitud de poco más de 50 cm, en el Hermón 75 cm. Víbora pequeña, rechoncha. Cabeza bien diferenciada del cuerpo. Ojos con pupilas verticales. Escamas corporales carenadas. Veintitrés (rara vez 21) hileras de escamas dorsales hacia la mitad del cuerpo; 42-58 pequeñas escamas en la parte superior de la cabeza contadas a partir del borde posterior de las escamas supraoculares; 6-9 escamas en el lugar más estrecho entre las escamas supraoculares. Éstas sobresalen claramente por encima de los ojos. Dos hileras de escamas suboculares entre el borde inferior del ojo y las escamas supralabiales. Nueve escamas supralabiales. Coloración de fondo gris, pardo grisácea y parda. El dibujo dorsal en la juventud es como el de la Víbora turca; más tarde desaparece el interior de las oscuras manchas en zigzag, quedando un dibujo irregular de barras y manchas transversales curvadas. En los flancos presenta manchas oscuras muy separadas entre sí. En la parte posterior de la cabeza presenta 2 manchas semilunares que pueden fundirse formando una V. Banda oscura en las sienes que va desde los ojos hasta las comisuras bucales. Vientre gris, frecuentemente con un fino moteado.

Venenosa. Dientes tubulares. La mordedura en el hombre es tan grave como la producida por

Vipera bornmuelleri sólo se encuentra en el Líbano y en el Monte Hermón, en la región fronteriza entre el Líbano y Siria.

la Víbora turca *(Vipera xanthina)*. Tratar con suero.

▲ *Hábitat:* Vive en laderas cubiertas de vegetación, rocas y piedras en el Líbano y la montaña de Hermón, sobre todo en la zona de los cedros. El área de distribución está entre los 1600-2000 m.

▲ *Biología:* Poco conocida. Parece ser que requiere un cierto grado de humedad del aire. Es bastante asustadiza, pero en caso de amenaza muerde muy rápido. Silba como amenaza. Tiene un período de hibernación de varios meses.

▲ *Alimentación:* Mamíferos como ratones, ratas y hámsters.

▲ *Reproducción:* Ovovivípara; 5-18 serpientes jóvenes; en hembras jóvenes a veces sólo 2.

▲ *Singularidades:* Víbora rechoncha con dibujo dorsal difuminado consistente en barras y manchas transversales aisladas. Manchas semilunares con forma de V en la parte posterior de la cabeza. Hábitat muy restringido entre los 1600 y 2000 metros de altitud en el Líbano y la montaña de Hermón. Bastante venenosa.

Distribución

Especie endémica (área muy restringida) del Líbano y la región limítrofe entre el Líbano y Siria (montaña de Hermón).

Vipera (Daboia) bulgardaghica (NILSON & ANDRÉN, 1985)
Familia vipéridos (Viperidae)
Subfamilia víboras (Viperinae)
F Vipère de Taurus I Taurus Viper A Taurische Bergotter

▲ *Características:* Longitud media 50-60 cm. Víbora corta y fuerte. Cabeza bien diferenciada del cuerpo. Ojos con pupilas verticales.
Escamas corporales carenadas. Veintitrés (rara vez 25) hileras de escamas dorsales hacia la mitad del cuerpo. La parte superior de la cabeza está recubierta con muchas escamas pequeñas. Seis escamas entre las grandes escamas supraoculares en el lugar más estrecho; 35-43 escamas pequeñas en la cabeza contadas desde el borde posterior de las escamas supraoculares hacia delante. Una

Vipera bulgardaghica posee una banda de manchas oscuras y redondeadas en el dorso y vive en la región estrechamente delimitada del Tauro, en Turquía.

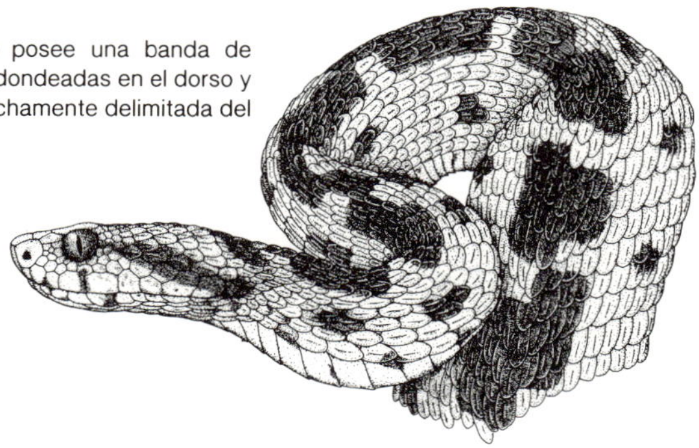

hilera de escamas suboculares entre el borde inferior de los ojos y las escamas supralabiales. La escama preocular superior toca con la escama nasal. Nueve escamas supralabiales. Coloración de fondo gris pardusca. El dibujo dorsal consistente en manchas situadas alternadamente, oscuras y rectangulares-redondeadas, que confluyen formando una banda. En los flancos, una hilera de manchas oscuras y redondas. Vientre gris con escaso moteado oscuro.
Venenosa. Dientes tubulares. El veneno probablemente es muy eficaz. Es necesario el tratamiento con suero.
▲ *Hábitat:* Región subalpina entre los 2100 y 2700 metros. Prados de montaña con arbustos, vegetación laxa de hierbas y abundantes piedras o rocas.
▲ *Biología:* Desconocida. Probablemente similar a la de *Vipera bornmuelleri* o de la Víbora turca.
▲ *Singularidades:* Corta y maciza. Dibujo dorsal oscuro de manchas rectangulares situadas alternadamente pero unidas. Tiene menos escamas pequeñas en la cabeza que *Vipera bornmuelleri.*

Distribución

Especie endémica (área muy restringida) en Bulgar Dagh en el Tauro cilícico (Turquía).

Víbora de Darevski

Vipera darevskii (ORLOV & TUNIYEV, 1986)
Familia vipéridos (Viperidae)
Subfamilia víboras (Viperinae)
F Vipère de Darevski I Darevski's Adder A Darevski Kreuzotter

▲ *Características:* Longitud media 26-48 cm. Las hembras son más grandes que los machos. Similitudes con la *V. dinniki, V. kaznakovi* y la Víbora de Orsini *(V. ursinii).* Cabeza estrecha, algo diferenciada del cuerpo. Ojos con pupila vertical.

La Víbora de Darevski *(Vipera darevskii)* es un habitante de regiones montañosas altas, y fue descubierta y descrita en 1986.

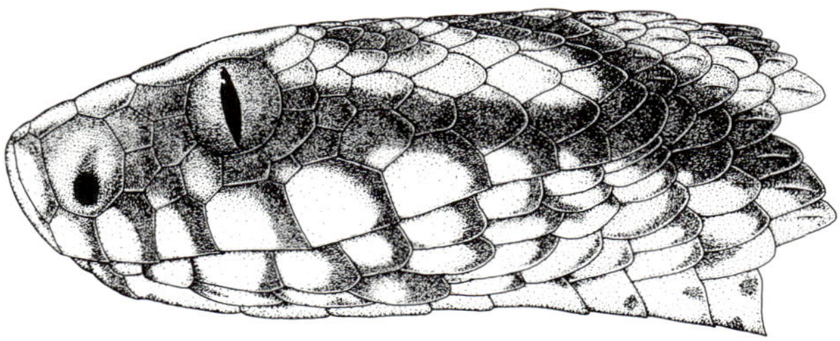

Escamas corporales carenadas. Veinte (a veces 19, rara vez 21) hileras de escamas dorsales hacia la mitad del cuerpo (en *Vipera dinniki* son 21-23). Escama frontal, escamas parietales y escamas supraoculares grandes; todas las demás escamas de la parte superior de la cabeza son hendidas. Borde agudo de la cabeza que va desde la escama supraocular hasta la parte posterior del hocico; borde anterior del hocico redondeado. El orificio nasal se halla en la parte inferior de la escama nasal. Una hilera de escamas suboculares entre el borde inferior del ojo y las escamas supralabiales; 8-9 escamas formando un anillo alrededor de los ojos; 9-10 escamas supralabiales.

Coloración de fondo de amarillenta a gris amarillenta. Nítida banda en zigzag y bastante homogénea en la mitad del dorso. Flancos con una hilera oscura de manchas que pueden confluir formando una banda laxa. La parte superior de la cabeza es oscura, y en la nuca presenta dos bandas alargadas semilunares. Banda oscura desde los ojos hasta las comisuras bucales. Vientre gris oscuro con puntitos claros y negros. No se conocen serpientes negras.

Venenosa. Dientes tubulares.

▲ *Hábitat:* Regiones montañosas entre los 2500 y 3000 metros. Prados subalpinos, laderas pedregosas de morrenas.

▲ *Biología:* Prácticamente desconocida, probablemente muy similar a la *Vipera dinniki.* Actividad diurna. Período de hibernación de seguramente 6-7 meses.

▲ *Alimentación:* Ratones, lagartos y pájaros jóvenes.

▲ *Reproducción:* Ovovivípara. Apareamiento, de acuerdo con el hábitat situado a gran altitud, probablemente en abril-mayo. Número de crías desconocido.

▲ *Singularidades:* Víbora muy pequeña con clara banda en zigzag en el dorso. Largo período de hibernación.

Distribución

Macizo montañoso de Dshavachetskij, en la región fronteriza de Armenia.

Vipera dinniki (NIKOLSKY, 1913)
Familia vipéridos (Viperidae)
Subfamilia víboras (Viperinae)
F Vipère du Caucasus de l'ouest I West-Caucasian Adder
A Westkaukasische Kreuzotter

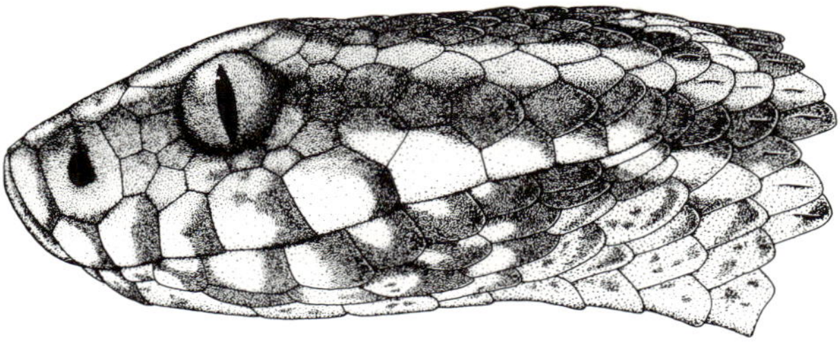

Vipera dinniki es una víbora de colorido oscuro que vive en el Cáucaso occidental y septentrional; en el dorso presenta un distintivo dibujo de banda de zigzag.

▲ *Características:* Longitud media 40-55 cm.
Las hembras son más grandes que los machos. Similitudes con *Vipera kaznakovi* y *Vipera ursinii renardi.* Ojos con pupila vertical. Escamas corporales carenadas. Veintiuna (a veces 22 o 23) hileras de escamas dorsales hacia la mitad del cuerpo. En la parte superior de la cabeza presenta una escama frontal, escamas parietales y escamas supraoculares grandes; el resto de las escamas de la cabeza están divididas en escamas más pequeñas. Borde agudo en la cabeza que va desde la escama supraocular hasta la escama rostral. El orificio nasal se encuentra en mitad de la escama nasal. Una hilera de escamas suboculares entre el borde inferior de los ojos y las escamas supralabiales; 9-12 escamas formando un anillo alrededor del ojo; 9-10 (rara vez 11) escamas supralabiales.
Coloración de fondo gris, pardo grisácea, gris plateada o verde grisácea. Banda oscura, ancha y en zigzag en el dorso (a veces forma una banda ondulada) que está separada de los flancos más oscuros por una zona intermedia más clara. Flancos con manchas dispuestas alternadamente respecto al dibujo dorsal que pueden confluir formando bandas. Parte superior de la cabeza oscura. Raya oscura que pasa por el ojo y va hasta el cuello. Vientre gris oscuro con manchas más claras. Pueden aparecer ejemplares de color negro uniforme (melanismo). Los animales jóvenes salen del huevo con el dibujo característico, y en el caso de los ejemplares negros se van oscureciendo con el tiempo.
Venenosa. Dientes tubulares. No se sabe nada acerca de los accidentes por mordedura.
▲ *Hábitat:* Región alpina en el macizo montañoso del Cáucaso. Bosques montanos, prados subal-

pinos y alpinos, laderas pedregosas, morrenas, siempre en la proximidad del agua. En altitudes entre los 1500 y 3000 metros.
▲ *Biología:* Actividad diurna. Los animales cambian los lugares de permanencia según la posición del sol: por la mañana en laderas orientadas hacia el este y a últimas horas de la tarde en laderas orientadas hacia el oeste. Al mediodía evitan la luz directa del sol. Son relativamente lentas, poco agresivas.
Hiberna de 7 a 8 meses.
▲ *Alimentación:* Ratones, lagartos, pájaros jóvenes. Mata sus presas mediante su venenosa mordedura. Los animales jóvenes comen saltamontes y lagartos.
▲ *Reproducción:* Ovovivípara. Apareamiento a finales de abril-mayo. De agosto hasta comienzos de septiembre nacen 3-5 crías. Los animales jóvenes mudan la camisa en el curso de las primeras horas después del nacimiento y poco después se dirigen a su cuartel de invierno.
▲ *Singularidades:* Víbora no muy grande, oscura con un marcado dibujo de banda en zigzag en el dorso. Habitante de regiones de alta montaña subalpinas y alpinas. Poco agresiva. Período de hibernación muy largo.

Distribución

Cáucaso occidental y septentrional (área de distribución por encima del de *Vipera kaznakovi*) desde el macizo de Fischt-Oschtenowskij, en el oeste hasta las montañas de Schchara en el este.

Vipera kaznakovi (NIKOLSKIY, 1909)
Familia vipéridos (Viperidae)
Subfamilia víboras (Viperinae)
F Vipère du Caucase I Caucasian Viper A Kaukasus-Otter

▲ *Características:* Longitud media 50 cm; máxima 75 cm.
Su aspecto externo recuerda al de la Víbora europea *(Vipera berus).* Cabeza diferenciada del cuerpo. Ojos relativamente grandes con pupilas verticales.
Escamas corporales muy carenadas; 21-23 hileras de escamas dorsales hacia la mitad del cuerpo. Escama frontal, escamas parietales y escamas supraoculares grandes y desarrolladas, pero a veces pueden estar divididas. Una hilera de escamas suboculares entre el borde inferior de los ojos y las escamas supralabiales. Nueve escamas supralabiales.
Coloración de fondo amarillo clara o beige hasta rojo ladrillo claro. En el dorso presenta una banda oscura en zigzag o de rombos que a veces se funde en una ancha raya negra con salientes a los lados. Esta banda puede desplazar la coloración de fondo dejando sólo 2 estrechas líneas claras en zigzag. Flancos con grandes

Vipera kaznakovi es una serpiente de coloración y dibujo muy bonitos con un color de fondo de amarillento a rojo teja y una banda de manchas altas y oscuras; lleva una vida oculta. Su limitada área de distribución va desde el sur del Cáucaso hasta el Mar Negro. Al igual que todas las víboras, *Vipera kaznakovi* tiene las pupilas verticales.
¡Su veneno es muy eficaz y peligroso para el hombre!

manchas oscuras y ovaladas. A veces se encuentran serpientes negras. Dibujo en V en la nuca. La parte superior de la cabeza es oscura con pequeñas manchas claras. Banda oscura en las sienes que va desde los ojos al cuello. Vientre de pardo a negro.
Venenosa. Dientes tubulares. El peligro del veneno es similar al de la Víbora europea.
La mordedura es peligrosa para el hombre; se recomienda el tratamiento serológico.
▲ *Hábitat:* Terrenos cálidos y húmedos con abundante vegetación. En jardines y plantaciones de té, en prados húmedos y en bosques de montaña luminosos y frondosos. En regiones montañosas llega hasta los 2000 metros.
▲ *Biología:* Muy asustadiza y vive oculta. Actividad diurna. Toma el sol sobre arbustos bajos, arbustos de té, y cuando se la molesta se esconde debajo de las ramas. Hay pocos estudios sobre la biología de esta especie. Su forma de vida es similar a la de la Víbora europea *(Vipera berus),* pero prefiere zonas más calidas. Su hibernación es corta.
▲ *Alimentación:* Mamíferos pequeños, lagartos y pájaros.
▲ *Reproducción:* Ovovivípara.
▲ *Singularidades:* Víbora muy oscura. Forma de vida muy oculta. Gusta del calor y de la humedad.

Distribución

Especie endémica (área de distribución muy restringida) desde la región sur del Cáucaso occidental hasta el Mar Negro y el nordeste de Anatolia.

Víbora hocicuda

Vipera latasti (BOSCÁ, 1878)

Familia vipéridos (Viperidae)

Subfamilia víboras (Viperinae)

Cat Escurçó ibèric Port Víbora-cornuda F Vipère de Lataste It Vipera di Lataste I Lataste's Viper A Stülpnasenotter

▲ *Características:* Longitud media 50-60 cm, máximo hasta 75 cm. Los machos son más grandes que las hembras. Cuerpo rechoncho; su aspecto externo es similar al de la Víbora áspid. Cabeza claramente diferenciada del cuerpo, con un cuerno muy pequeño y dirigido hacia arriba en el hocico. Ojos con pupila vertical.

Escamas corporales carenadas. Veintiuna (rara vez 23) hileras de escamas dorsales hacia la mitad del cuerpo. Escama rostral alargada cubierta sólo en su parte superior por 4 o más pequeñas escamas. La parte superior de la cabeza está recubierta de pequeñas escamas; sólo las escamas supraoculares son grandes. Dos hileras de escamas suboculares entre el borde inferior del ojo y las escamas supralabiales.

Coloración de fondo gris, beige, pardo clara o pardo rojiza. Dibujo dorsal consistente en una banda parda ondulada o en zigzag con bordes oscuros. Ocasionalmente se observan serpientes completamente negras (melanismo). La punta de la cola es siempre oscura. La parte superior de la cabeza frecuentemente presenta un dibujo en V de color pardo oscuro, que en ocasiones es más débil. Banda oscura en las sienes que va desde los ojos a las comisuras bucales. Vientre gris o negruzco,

La cabeza de la Víbora hocicuda *(Vipera latasti)* está bien diferenciada del cuerpo y presenta un pequeño cuerno dirigido hacia arriba en la punta del hocico.

La Víbora hocicuda *(Vipera latasti)* es una serpiente terrestre de actividad principalmente diurna que se alimenta de ratones, lagartos y pequeños pájaros. Al igual que la Víbora europea *(Vipera berus)* es ovovivípara.

casi siempre con un moteado claro u oscuro.

Venenosa, dientes tubulares. El veneno no es considerado como muy peligroso para el hombre.

▲ *Hábitat:* Laderas pedregosas soleadas y cubiertas de arbustos y bosques caducifolios claros, desde la llanura hasta las regiones montañosas y en sus estribaciones. Rara vez se encuentra por encima de los 1500 metros.

▲ *Biología:* Serpiente terrestre con actividad diurna –en un clima muy cálido también es activa por la noche–. Cuando se la apresa se defiende mordiendo ferozmente. Hibernación de 2-4 meses.

▲ *Alimentación:* Mamíferos pequeños (ratones) y lagartos, también pájaros jóvenes.

▲ *Reproducción:* Ovovivípara, 2-6 crías. Los animales jóvenes de 12-18 cm de longitud ingieren ya una semana después de la primera muda de camisa saltamontes, grillos, escolopendras y pequeños lagartos.

▲ *Singularidades:* Tiene un dibujo como el de la Víbora europea pero posee un pequeño cuerno en el hocico. Fácilmente irritable.

Distribución

Península Ibérica (con excepción del norte), noroeste de África.
2 subespecies:
V. l. latasti (norte de Portugal, norte, centro y este de España),
V. l. gaditana (sudoeste de la Península Ibérica y noroeste de África).

Víbora de Oriente

Vipera (Daboia) lebetina (LINNAEUS, 1758)
Familia vipéridos (Viperidae)
Subfamilia víboras
F Vipère du Levant It Vipera pomellata I Blunt-nosed Viper A Levanteotter

▲ *Características:* Longitud 80-100 cm, llegando a los 150 cm. La subespecie *schweizeri* del archipiélago de Milos, en el Egeo, tiene una longitud media de 65-75 cm (a veces 90 o 100 cm). Especie de víbora muy grande y fuerte. Cabeza ancha, triangular y redondeada, bien diferenciada del cuerpo. Ojos con pupila vertical. Escamas corporales fuertemente carenadas. El número de hileras de escamas dorsales hacia la mitad del cuerpo es de: 25 en *lebetina*, 25-27 en *obtusa*, 23 (rara vez 21 o 25) en *schweizeri*. En la cabeza presenta muchas escamas pequeñas y las escamas supraoculares están divididas en varias –generalmente 3– escamas más pequeñas. Dos (ocasionalmente 3) hileras de escamas suboculares entre el borde inferior de los ojos y las escamas supralabiales.

La Víbora de Oriente *(Vipera lebetina)* –en este caso la subespecie *Vipera lebetina obtusa*– es una víbora terrestre fuerte y muy agresiva que muerde ferozmente en caso de amenaza. En su amplia área de distribución existen poblaciones tanto ovovivíparas como ovíparas (arriba).

Aparte de la subespecie *Vipera lebetina lebetina* en Chipre y la subespecie *V. lebetina obtusa*, han descrito otras dos subespecies:
V. lebetina schweizeri vive en el archipiélago de Milos en el Egeo griego (abajo a la izquierda).
V. lebetina turanica se presenta desde el área del Kazakistán hasta el oeste de Cachemira, por lo tanto vive fuera del área tratada en este libro (abajo a la derecha).

Coloración de fondo gris clara, verde grisácea, beige, de amarilla a pardo rojiza. A veces se encuentran ejemplares de color rojo ladrillo uniforme (subespecie *schweizeri*). En el dorso presenta 2 hileras de bandas transversales oscuras dispuestas alternadamente, que a veces están unidas formando una banda ondulada y que frecuentemente sólo son borrosas (sobre todo en la subespecie *obtusa*). En los flancos presenta una serie de manchas en forma de barras más oscuras, dispuestas vertical y alternadamente respecto a las manchas dorsales. El cuerpo además puede estar cubierto con puntitos diminutos, de amarillentos a ocres. La parte superior de la cabeza no tiene dibujo. Banda oscura en las sienes desde los ojos a las comisuras bucales (a veces muy débil). Vientre gris blanquecino claro a pardo grisáceo, con moteado gris oscuro. **Venenosa. Dientes tubulares. El veneno es muy eficaz (acción citotóxica). Las mordeduras son peligrosas para el hombre y re-**

quieren atención médica inmediata (tratamiento serológico).

▲ *Hábitat:* Laderas de estepas y montañas bien soleadas provistas de piedras, muros de piedra y arbustos. Le gusta estar en laderas que se hallan junto a los cursos de los ríos. En zonas montañosas llega hasta los 1500 metros.

▲ *Biología:* Fuerte serpiente terrestre que también trepa a los arbustos. Por la mañana toma un largo baño de sol. En primavera y otoño tiene una actividad predominantemente diurna, en la época calurosa del año es más activa durante el crepúsculo y la noche. Del norte al sur de la zona de distribución también existe diferencia en la actividad: en la zona septentrional la Víbora de Oriente tiene una actividad predominantemente diurna, en el norte de África y en las regiones del sur de Asia es activa durante el crepúsculo y la noche. En general es asustadiza, pero cuando se le impide huir muerde rápidamente. El período de hibernación es de 2-6 meses según el clima.

▲ *Alimentación:* Mamíferos pequeños (ratas, ratones, pequeños conejos), pájaros, lagartos, a veces serpientes. Mata sus presas con su mordedura venenosa.
En el archipiélago de Milos (subespecie *schweizeri*) se halla en los arbustos al acecho de pájaros que reposan durante su migración de otoño. El pájaro mordido es sujetado hasta que muere, ya que en el suelo no dejaría ningún rastro de olor como los roedores.

▲ *Reproducción:* En parte ovovivípara, en parte ovípara. La forma *lebetina* de Chipre es ovovivípara, la forma grande de la Víbora de Oriente *(obtusa)* del área de distribución oriental pone huevos de los cuales saldrán las crías a los 2-2 1/2 meses. La Víbora de Oriente del archipiélago de Milos *(schweizeri)* pone huevos con embriones ya muy desarrollados que a las 5-7 semanas ya están listos para salir del huevo.

▲ *Singularidades:* Serpiente terrestre fuerte con cabeza ancha, bien diferenciada del cuerpo. Escamas supraoculares divididas; la parte superior de la cabeza presenta pequeñas escamas.

Distribución

Archipiélago de Milos y quizás Kythnos en el Egeo, Chipre, desde Israel pasando por el Líbano y Siria, sudeste y este de Turquía, el Cáucaso, Irán y Afganistán, hasta Kazakistán en la CEI y Pakistán; existe una subespecie endémica en Argelia y Túnez separada del resto por una gran discontinuidad de distribución que llega hasta Israel.

5 subespecies:
V. l. lebetina (Chipre y costas de Turquía situadas enfrente),
V. l. obtusa (desde Israel hasta el este de Turquía, Afganistán y oeste de Pakistán),
V. l. schweizeri (archipiélago de Milos, quizás Kythnos),
V. l. transmediterranea (Argelia y Túnez),
V. l. turanica (Kazakistán hasta el norte de Irán, norte de Afganistán, noroeste de Pakistán y oeste de Cachemira).

Vipera (Daboia) mauritanica (DUMÉRIL et BIBRON, 1848)
Familia vipéridos (Viperidae)
Subfamilia víboras (Viperinae)
F Vipère d'Atlas I Atlas Mountain-Viper A Atlasotter

▲ *Características:* Longitud media 100-150 cm, a veces incluso más larga (la subespecie *deserti* no sobrepasa los 100 cm).

Víbora grande y fuerte. Cabeza ancha y triangular, bien diferenciada del cuerpo. Ojos con pupilas verticales.

Veintisiete hileras de escamas dorsales hacia la mitad del cuerpo; sobre la cabeza presenta muchas escamas pequeñas, y las escamas supraoculares también están divididas en varias escamas pequeñas. 2-3 hileras de escamas suboculares entre el borde inferior de los ojos y las escamas supraoculares.

Coloración de fondo de gris clara a gris rojiza. Sobre el dorso presenta una banda ondulada oscura, redondeada, que puede disolverse en manchas redondas u ovales. Ocasionalmente esta banda ondulada consiste en manchas rectangulares o romboidales (subespecie *deserti*). Flancos con manchas oscuras de barras. Banda ancha y oscura en las sienes que va desde el ojo hasta la comisura bucal, y una segunda banda vertical que va desde el borde inferior de los ojos hasta la hendidura bucal.

Vientre gris con moteado oscuro.
Venenosa. Dientes tubulares. Veneno muy activo (acción citotóxica); es peligrosa para el hombre y en caso de mordedura

Vipera mauritanica se parece mucho en morfología, escamas, dibujo y biología a la Víbora de Oriente *(Vipera lebetina)*. Su área de distribución comprende el norte de África desde Israel hacia el oeste (arriba).

Durante el día, *Vipera mauritanica* descansa en cuevas de roca, debajo de piedras y en grietas de las rocas. Caza sus presas durante el crepúsculo y la noche (abajo).

es indispensable la atención médica y el tratamiento con suero.

▲ *Hábitat:* Soleado; laderas montanas cubiertas de piedras y arbustos. En zonas montañosas llega hasta los 2000 metros o más.

▲ *Biología:* Serpiente terrestre. Actividad crepuscular y nocturna. Durante el día descansa en cavernas de roca, debajo de piedras y en grietas de las rocas. Asustadiza pero agresiva cuando se la acorrala.

▲ *Alimentación:* Mamíferos pequeños, pájaros y lagartos.

▲ *Reproducción:* Pone huevos con embriones ya muy desarrollados. Las serpientes jóvenes salen del huevo después de 6-8 semanas.

▲ *Singularidades:* Su aspecto, escamas y dibujo, al igual que la forma de vida, son muy similares a los de la Víbora de Oriente *(Vipera lebetina),* aunque su área de distribución se limita al noroeste de África.

Distribución

Marruecos, Argelia, Túnez, oeste de Libia; con la excepción de la subespecie *transmediterranea* de Argelia y Túnez, su área de distribución está separada de las formas orientales de la Víbora de Oriente *(Vipera lebetina)* por una gran discontinuidad que va desde Libia pasando por Egipto hasta Israel.

2 subespecies:

V. m. mauritanica (Marruecos, regiones del norte de Argelia y Túnez),

V. m. deserti (vertiente sur del Atlas en Argelia y Túnez, Libia).

Vipera monticola (SAINT-GIRONS, 1977)
Familia vipéridos (Viperidae)
Subfamilia víboras (Viperinae)
F Vipère naine d'Atlas I Atlas Dwarf Viper A Atlas-Zwergotter

▲ *Características:* Longitud máxima 35 cm, generalmente es más pequeña. Es el representante más pequeño del género *Vipera.* Cabeza triangular, bien diferenciada del cuerpo. Ojos con pupila vertical. Nariz con una larga escama rostral levantada hacia arriba (aunque un poco menos que en la estrechamente emparentada Víbora hocicuda, *Vipera latasti*).

Escamas corporales carenadas. Diecinueve hileras de escamas dorsales hacia la mitad del cuerpo. Las escamas frontal y parietales siempre están hendidas. Dos hileras de escamas suboculares entre el borde inferior del ojo y las escamas supralabiales.

Coloración de fondo gris, gris amarillenta a gris pardusca. Presenta una oscura banda en zigzag en el dorso, consistente en manchas transversales dispuestas algo alternadamente. A veces la banda puede estar disuelta en parte. Flancos con una hilera de manchas oscuras, borrosas. Vien-

Vipera monticula es la víbora más pequeña en el área aquí tratada. Sólo se encuentra en el Alto Atlas y en Marruecos.

El hábitat de *Vipera monticula* son los valles pedregosos, sin árboles ni arbustos, entre los 2000 y los 4000 metros de altitud.

tre gris más claro con moteado oscuro.

Venenosa. Dientes tubulares. Las mordeduras son bastante raras.

▲ *Hábitat:* Valles altos, pedregosos y sin vegetación del Alto Atlas. Vive en altitudes entre los 2000 y los 4000 metros.

▲ *Biología:* Poco conocida, probablemente similar a la de la Víbora hocicuda *(Vipera latasti)*. Con seguridad tiene actividad principalmente crepuscular y nocturna. Hiberna.

▲ *Alimentación:* Ratones jóvenes y semiadultos, lagartos y saltamontes.

▲ *Reproducción:* Al igual que la Víbora hocicuda es ovovivípara con un número relativamente bajo de descendientes (con mucha probabilidad 2-5 o 6).

▲ *Singularidades:* Con 35 cm como máximo es una verdadera "víbora enana". Hocico ligeramente levantado. Habitan las altitudes superiores del Atlas entre los 2000 y 4000 metros. Serpiente venenosa, pero las mordeduras son raras. Esta víbora fue reconocida como especie independiente en 1986 por Barli, Billing y Schätti.

Distribución

Alto Atlas en Marruecos.

Vipera (Daboia) palaestinae (WERNER, 1938)
Familia vipéridos (Viperidae)
Subfamilia víboras (Viperinae)
F Vipère de la Palestine I Palestinian Viper A Palästinaviper

▲ *Características:* Longitud hasta 130 cm.
Víbora maciza, relativamente grande. Cabeza triangular, muy diferenciada del cuerpo. Ojos con pupila vertical.
Escamas corporales carenadas. Veinticinco (rara vez 24) hileras de escamas dorsales hacia la mitad del cuerpo. En la cabeza presenta muchas pequeñas escamas. El orificio nasal llamativamente grande se halla en una depresión de la escama nasal. Dos hileras de escamas suboculares entre el borde inferior del ojo y las escamas supralabiales.
Coloración de fondo gris, ocre, amarillenta o pardo clara. El dibujo dorsal consiste en manchas ovaladas pardo oscuras, algo más claras en el centro, que ocasionalmente presentan rebordes claros y en gran parte se funden formando una banda en zigzag. Flancos con una serie de manchas oscuras, redondas. En la cabeza, detrás del hocico, presenta una mancha oscura; de ésta salen dos rayas oscuras en forma de V hacia atrás a los lados del cuello. Banda oscura en las sienes que va desde los ojos a las comisuras bucales; otra banda oscura vertical que va desde el borde inferior del ojo a la hendidura bucal. Presenta una tercera banda oscura vertical desde la escama nasal a la hendidura bucal. Vientre gris, frecuentemente con moteado oscuro.

Vipera palaestinae es una víbora grande, con rico colorido con una distintiva banda ondulada o en zigzag en el dorso.

Venenosa. Dientes tubulares. El veneno es muy eficaz. Debido a que esta serpiente frecuentemente aparece cerca de las poblaciones resulta extraordinariamente peligrosa para el hombre. Las mordeduras pueden ser mortales y es necesario el tratamiento con suero.

Debido a que *Vipera palaestinae* se encuentra frecuentemente en pueblos, jardines y plantaciones, puede resultar extraordinariamente peligrosa para el hombre con sus grandes dientes inoculadores de veneno. Es indispensable el tratamiento con suero después de una mordedura.

▲ *Hábitat:* En un origen en robledales claros, que actualmente son raros en su área de distribución. Laderas rocosas y cubiertas de arbustos; penetra frecuentemente en las poblaciones, jardines y plantaciones.

▲ *Biología:* Serpiente terrestre de actividad nocturna que puede trepar a los arbustos. Rápida y asustadiza pero agresiva cuando es acorralada.

▲ *Alimentación:* Mamíferos pequeños (ratones, ratas, hámsters) y pájaros. Mata sus presas mediante su mordedura venenosa.

▲ *Reproducción:* Ovípara. Pone hasta 20 huevos. Las serpientes jóvenes salen aproximadamente a las 8 semanas de la puesta.

▲ *Singularidades:* Especie de víbora de aspecto variopinto y grande. Clara banda en zigzag u ondulada en el dorso, algo más clara en el centro; muchas bandas oscuras en la cabeza. Ovípara. Veneno muy activo.

Distribución

Desde la franja de Gaza, pasando por Israel y el Líbano hasta Siria. Sobre todo en la región próxima al Mediterráneo.

Víbora de Radde

Vipera (Daboia) raddei (BOETTGER, 1890)
Familia vipéridos (Viperidae)
Subfamilia víboras (Viperinae)
F Vipère de Radde I Radde's Rock Viper A Armenische Bergotter

▲ *Características:* Longitud media 70-90 cm, ocasionalmente llega a los 110 cm. Los machos son más grandes que las hembras.
Víbora esbelta pero fuerte. Cabeza ancha y bien diferenciada del cuerpo. Ojos con pupila vertical. Escamas corporales carenadas; 23-24 (más rara vez 21 o 25) hileras de escamas dorsales hacia la mitad del cuerpo. La parte superior de la cabeza está recubierta de muchas escamas pequeñas. Escama supraocular grande, triangular, que sobresale por encima del ojo. Dos hileras de escamas suboculares entre el borde inferior del ojo y las escamas supralabiales. Presenta un anillo cerrado de escamas alrededor del ojo, que también separa la escama supraocular de éste. El orificio nasal se halla en la mitad de una gran escama nasal. Nueve (a veces 10) escamas supralabiales.
Coloración de fondo pardo grisácea, gris clara, de color arcilla a gris negruzco. En el dorso presenta una banda ondulada o en zigzag de manchas fundidas entre sí de color naranja amarillento, anaranjado rojizo o rojizo frecuentemente con bordes negros. Flancos con manchas oscuras verticales en forma de barra. La mitad posterior de la cabeza presenta un dibujo oscuro en forma de máscara y delante de éste 2 pun-

La Víbora de Radde *(Vipera raddei)* es una serpiente fuerte pero de aspecto esbelto que vive exclusivamente en la montaña y es ovovivípara.

Con su banda rojiza en zigzag en el dorso, la Víbora de Radde *(Vipera raddei)* es una belleza entre las víboras. Las escamas supraoculares que sobresalen a modo de tejado le proporcionan una expresión muy viva.

tos negros. Banda oscura en las sienes que va desde los ojos hasta las comisuras bucales. Vientre de gris oscuro a negruzco.

Venenosa, dientes tubulares. El veneno es muy eficaz (acción citotóxica). La mordedura puede provocar la muerte en el hombre, por lo cual son necesarios la atención médica y el tratamiento con suero.

▲ *Hábitat:* Laderas expuestas al sol y provistas de arbustos, robles y piedras. Es un típico animal de montaña que se encuentra desde los 1200 a los casi 3000 metros (sobre todo en los 1500-2000 m).

▲ *Biología:* Serpiente terrestre de actividad con gran predominio diurna. Huidiza pero que muerde ferozmente cuando se la acorrala. El período de hibernación puede durar hasta 7 meses.

▲ *Alimentación:* Roedores pequeños (ratones) y pájaros; las serpientes jóvenes comen pequeños lagartos. Mata sus presas mediante su mordedura venenosa.

Distribución

Armenia, Adserbeiyán, noroeste de Irán, región fronteriza oriental de Turquía.
2 subespecies:
V. r. raddei (Armenia, Adserbeiyán y región fronteriza ruso-turca),
V. r. kurdistanica (noroeste de Irán y región fronteriza irano-turca).

▲ *Reproducción:* Ovovivípara; 3-9 crías en una camada. El nacimiento tiene lugar a comienzos de septiembre después de unos 3 1/2 meses de gestación.
▲ *Singularidades:* Bonita víbora variopinta debido a la banda en zigzag rojiza que presenta en el dorso. Escamas supraoculares que sobresalen a modo de tejado. Animal típico de la montaña. ¡En Rusia está muy protegida!

Víbora ibérica

Vipera seoanei (Lataste, 1879)
Familia vipéridos (Viperidae)
Subfamilia víboras (Viperinae)
F Vipère des Pyrénées It Vipera iberica I Iberian Viper A Nordiberische Kreuzotter

▲ *Características:* Longitud media 45-60 cm, máximo 75 cm.
Está emparentada con la Víbora europea *(Vipera berus)*, pero también se parece a la Víbora áspid *(Vipera aspis)*. La cabeza está bien diferenciada del cuerpo. El hocico está ligeramente levantado.
Escamas corporales fuertemente carenadas. Veintiuna hileras de escamas dorsales hacia la mitad del cuerpo. Las escamas frontal y parietales a veces son grandes y completas pero en ocasiones también se desdibujan. Una hilera de escamas suboculares entre el borde inferior del ojo y las es-

La Víbora ibérica *(Vipera seoanei)* está emparentada con la Víbora europea *(Vipera berus)* y la Víbora áspid *(Vipera aspis)*. Lleva una vida muy oculta y requiere mucho calor y humedad.

camas supralabiales. Ocasionalmente presenta un segundo anillo de escamas alrededor de los ojos. Nueve (rara vez 8 o 10) escamas supralabiales.
Coloración de fondo beige o pardo castaño clara. Al igual que la Víbora europea *(Vipera berus)*, presenta una banda ondulada en zigzag en el dorso. En los flancos tiene una serie de manchas oscuras más pequeñas. En ocasiones se encuentran ejemplares con rayas longitudinales o de color pardo uniforme. La parte superior de la cabeza presenta 2 o 3 bandas transversales oscuras; en la nuca presenta un dibujo oscuro en V. Frecuentemente presenta una banda oscura en las sienes que va del ojo al cuello. Vientre de gris oscuro a negro.
Venenosa. Dientes tubulares. La acción del veneno en el hombre no es muy potente, pero se recomienda el tratamiento con suero.
▲ *Hábitat:* Regiones cálidas y húmedas con muchas precipitaciones. Laderas pedregosas, cubiertas con abundantes arbustos y hierbas desde el nivel del mar hasta los 800 metros aproximadamente. Jardines cubiertos de maleza, bosques claros, landas con helechos, retama y brezos.
▲ *Biología:* Asustadiza y de vida oculta. Probablemente actividad diurna. La forma de vida es similar a la de la Víbora europea *(Vipera berus)* aunque la Víbora ibérica prefiere más calor y humedad.
Hibernación de 3-4 meses.
▲ *Alimentación:* Ratones, lagartos, ranas. Los animales jóvenes comen pequeños lagartos y ranas jóvenes. Mata sus presas mediante su mordedura venenosa.
▲ *Reproducción:* Ovovivípara. Los machos mudan la camisa en primavera después del apareamiento. El índice de reproducción es bajo, de aproximadamente 3-8 crías vivas por camada. Asustadiza y de vida oculta. Parece ser que tienen las hembras un ciclo reproductor de dos años.
▲ *Singularidades:* Similar a la Víbora europea. Forma de vida oculta. Le gusta el calor y la humedad. Los machos mudan la camisa en primavera después del apareamiento.

Distribución

Norte de Portugal, noroeste de España, extremo sudoccidental de Francia; área de distribución pequeña, muy restringida (endémica).
Subespecies:
V.s. cantabrica (Cantabria),
V.s. seoanei (resto del área de distribución).

Víbora de Orsini
Vipera ursinii (BONAPARTE, 1835)
Familia vipéridos (Viperidae)
Subfamilia víboras (Viperinae)
F Vipère d'Orsini It Vipera di Orsini I Orsini's Viper A Wiesenotter

▲ *Características:* Longitud media 35-50 cm, en el área de distribución centroasiática a veces hasta los 70 cm.
Víbora pequeña, maciza, parecida a la Víbora europea. Cabeza delgada y relativamente poco diferenciada del cuerpo. Ojos con pupila vertical.
Escamas corporales muy carenadas y por lo tanto parecen "ásperas". En parte 19 (por ejemplo la subespecie *ursinii*), en parte 21 (por ejemplo las subespecies *renardi* y *eriwanensis*) hileras de escamas dorsales hacia la mitad del cuerpo. Las escamas frontal y parietales generalmente están completamente desarrolladas. La escama preocular superior siempre toca con la escama nasal. El pequeño orificio nasal se halla por debajo de la mitad de la escama nasal (en la Víbora europea se halla exactamente en el centro). Una hilera de escamas suboculares entre el borde inferior del ojo y las escamas supralabiales; 7-9 escamas supralabiales.
Coloración de fondo gris clara, gris amarillenta o pardo castaño clara, en los flancos generalmente más oscura que en la mitad del

La Víbora de Orsini *(Vipera ursinii)* es una serpiente pequeña pero maciza, que con su oscura banda en zigzag del dorso se parece a la Víbora europea *(Vipera berus)*. La superficie del cuerpo parece áspera debido a sus escamas dorsales muy carenadas.

dorso. Aparecen ejemplares de color amarillo intenso. Banda oscura ondulada en zigzag en el dorso, con rebordes negros. Flancos con manchas oscuras. En la parte superior de la cabeza presenta un dibujo en forma de V abierta hacia atrás, y delante de éste manchas oscuras. Banda oscura en las sienes desde los ojos a las comisuras bucales. Vientre negruzco, gris oscuro o rojizo, con moteado. La parte inferior de la punta de la cola a veces es negro parduzca o amarilla.

Venenosa, dientes tubulares. El veneno tiene una acción débil, pero se recomienda tener precaución (tumefacción, parálisis, fuertes dolores).

▲ *Hábitat:* Estepas con depresiones o valles fluviales húmedos. Le gusta estar en los túneles de las madrigueras de roedores. En Europa se encuentra en las zonas montañosas de hasta los 2000 metros y en Armenia a 3000.

▲ *Biología:* Actividad diurna, sin embargo evita el sol y el calor fuertes. Toma un baño de sol por la mañana y a última hora de la tarde. Muy asustadiza.

Tiene un período de hibernación que puede durar hasta 6 meses.

▲ *Alimentación:* Insectos grandes (saltamontes, grillos). Lagartos, ratones jóvenes y semiadultos. Mata sus presas mediante su mordedura venenosa.

▲ *Reproducción:* Ovovivípara. El apareamiento suele producirse en abril-mayo. En agosto-septiembre nacen 4-8 jóvenes serpientes (a veces hasta 12 o 15).

▲ *Singularidades:* Es pequeña, parecida a la Víbora europea. La superficie del cuerpo parece "áspera" debido a las escamas dorsales muy carenadas. Banda oscura en zigzag sobre fondo más claro en el dorso. Poco agresiva.

En algunas zonas esta pequeña víbora es muy rara hoy en día, por la persecución que ha sufrido por parte del hombre; está bajo protección legal en muchos países.

Distribución

En Europa hay poblaciones aisladas. Sudeste de Francia, centro de Italia, Austria (población en extinción), oeste de Yugoslavia, Hungría, Rumania, Albania, centro de Grecia, sur de Rusia, sur y este de Turquía, norte de Irán, hacia oriente llega hasta Asia Central (China occidental).

La clasificación en subespecies de la Víbora de Orsini es dudosa y controvertida. Actualmente se citan las siguientes:

V. u. ursinii (centro de Italia),
V. u. anatolica (sur de Anatolia en Turquía),
V. u. ebneri (este de Transcaucasia hasta China occidental),
V. u. eriwanensis (Armenia y este de Turquía),
V. u. graeca (norte y centro de Grecia),
V. u. macrops (oeste de Yugoslavia, Albania),
V. u. rakosiensis (depresión del Danubio desde Austria hasta Bulgaria),
V. u. renardi (desde el delta del Danubio, pasando por el sur de Rusia, hasta Kazakistán y Kirguizia),
V. u. wettsteini (sudeste de Francia).

Las poblaciones de la Víbora de Orsini *(Vipera ursinii)* repartidas muy irregularmente por el amplia área de distribución han sido clasificadas en una serie de subespecies.

La subespecie *Vipera ursinii ursinii* vive en el centro de Italia (arriba).
Vipera ursinii anatolica se presenta en el sur de Anatolía (abajo).

Vipera ursinii rakosiensis aparece en la depresión del Danubio desde Austria hasta Bulgaria (arriba).

Vipera ursinii wettsteini se encuentra en el sudeste de Francia (abajo, izquierda).

Vipera ursinii renardi se encuentra en el área que va desde el delta del Danubio, pasando por el sur de Rusia, hasta Kazakistán (abajo a la derecha).

Víbora turca

Vipera (Daboia) xanthina (GRAY, 1849)
Familia vipéridos (Viperidae)
Subfamilia víboras (Viperinae)
F Vipère montagnarde It Vipera anatolica I Ottoman Viper
A Kleinasiatische Bergotter

▲ *Características:* Longitud media 80-100 cm, máximo 120 cm.

Víbora grande y fuerte. Cabeza ancha y triangular, bien diferenciada del cuerpo. Ojos con pupila vertical.

Escamas corporales carenadas. Veintitrés (en ocasiones 25) hileras de escamas dorsales hacia la mitad del cuerpo. La parte superior de la cabeza está recubierta de muchas escamas pequeñas; únicamente las escamas supraoculares son grandes y están levantadas. Orificio nasal en el centro de una gran escama nasal. Dos hileras de escamas suboculares entre el borde inferior del ojo y las escamas supralabiales. Generalmente 10 (a veces 9 u 11) escamas supralabiales.

Coloración de fondo gris clara, plateada, gris aceituna o pardo clara. El dibujo dorsal se compone de una banda ondulada o en zigzag pardo oscura, a veces aceituna oscura que destaca mucho sobre un fondo claro. Flancos con manchas oscuras, verticales y en forma de barra. En la parte posterior de la cabeza presenta 2 manchas oscuras, en forma de gota y

La Víbora turca *(Vipera xanthina)* es fuerte, de color gris claro con un distintivo dibujo en zigzag sobre el dorso.

La Víbora turca *(Vipera xanthina)* es relativamente indolente, pero en caso de amenaza ataca rapidísimamente. Silba fuerte y penetrantemente como amenaza.

confluyentes hacia la parte anterior, y delante de éstas 2 distintivos puntos oscuros. Banda oscura en las sienes que van del ojo a la comisura bucal y otra raya que va del ojo a las escamas supralabiales. Vientre gris claro con manchas oscuras. La parte inferior de la punta de la cola frecuentemente es amarilla o anaranjada.
Venenosa. Dientes tubulares. Veneno muy eficaz (acción citotóxica); la mordedura puede ser mortal para el hombre, por lo cual se recomienda acudir urgentemente al médico y el tratamiento con suero.
▲ *Hábitat:* Paisajes montañosos altos y bajos variados: bosques claros; valles fluviales; laderas cubiertas de arbustos y piedras; pastos húmedos con arbustos, hierbas y rocas; murallas de piedra; ruinas. Desde el nivel del mar hasta llegar a los 2500 metros en la montaña.
▲ *Biología:* Actividad predominantemente diurna, aunque durante las épocas calurosas del año también es activa durante el crepúsculo y la noche.
Normalmente es bastante indolente y asustadiza pero cuando se la amenaza ataca con mucha rapidez. Silba fuertemente en gesto de amenaza.
El período de hibernación puede ser de hasta 6 meses.
▲ *Alimentación:* Mamíferos pequeños (ratones, ratas, hámsters)

y pájaros; los animales jóvenes se alimentan predominantemente de lagartos. Mata sus presas mediante su mordedura venenosa.

▲ *Reproducción:* Ovovivípara. De finales de julio hasta agosto nacen 2-15 (a veces hasta 20) jóvenes que mudan la camisa 2 semanas después del nacimiento, momento en el que ingieren alimentos por primera vez.

▲ *Singularidades:* Víbora maciza, gris clara con una distintiva banda oscura en zigzag en el dorso y escamas supraoculares curvadas hacia arriba. Relativamente indolente. Silba muy fuerte en caso de peligro. Veneno muy activo.

Distribución

Turquía europea, islas del Mediterráneo del este de Grecia y oeste de Turquía (Dodecaneso), oeste y centro de Turquía; el límite del área de distribución oriental es dudoso.

Recientemente se han descubierto y descrito dos nuevas especies de víboras en Turquía. También deben describirse en este libro:

Vipera barani (Böhme & Joger, 1983)
Familia vipéridos (Viperidae)
Subfamilia víboras (Viperinae)
F Vipère de Baran I Baran's Adder A Barans Otter

▲ *Características:* Longitud 54 cm. Hasta el momento esta especie se conoce sólo por un único ejemplar. Ojos con pupila vertical. El hocico sobresale agudamente pero no está levantado.
Escamas dorsales carenadas. Veintiuna hileras de escamas dorsales hacia la mitad del cuerpo. Las escamas de la parte superior de la cabeza están divididas completamente en escanias más pequeñas y además sólo las escamas supraoculares parecen algo mayores. La escama nasal es casi del tamaño de los ojos, y el orificio nasal se halla en el centro de dicha escama. Entre la escama nasal y el ojo existen dos hileras completas y verticales de escamas. Una hilera de escamillas suboculares entre el borde inferior

Distribución

El lugar donde se ha encontrado esta especie está al norte de la ciudad de Adaparazi, cerca de la costa turca del Mar Negro.

del ojo y las escamas supralabiales. Presenta 10 escamas supralabiales.
Este ejemplar es de color negro uniforme (melanismo) y sólo las escamas supralabiales presentan llamativas manchas blancas. La parte inferior de la punta de la cola es de color amarillo limón.
Venenosa. Dientes tubulares.
▲ *Hábitat:* Zonas de colinas a aproximadamente 400 m sobre el nivel del mar.
▲ *Biología:* Hasta el momento no se sabe nada sobre su ecología y biología.

Vipera (Daboia) wagneri (NILSON & ANDRÈN, 1984)

Familia vipéridos (Viperidae)
Subfamilia víboras (Viperinae)
F Vipère de Wagner I Wagner's Adder A Wagners Bergotter

Al igual que *Vipera barani,* esta especie se dio a conocer por el hallazgo de un único ejemplar. Entretanto se han encontrado otros animales en el nordeste de Turquía que confirman el resultado de la primera descripción.
▲ *Características:* Longitud media 50-70 cm.
Víbora fuerte, de tamaño medio, su morfología es similar a la Víbora turca *(Vipera xanthina).* Cabeza bien definida. Hocico relativamente ancho. Ojos con pupila vertical.

Vipera wagneri ha sido descubierta y descrita hace muy poco. Con su banda de manchas dorsales de color pardo dorado orladas de negro, se ha convertido en una de las especies de víboras de más bello colorido y dibujo de su zona de distribución.

Los machos y las hembras de *Vipera wagneri* se distinguen por su distintivo dibujo: El macho presenta un dibujo muy bien definido (arriba), el dibujo de las hembras en cambio es más débil y menos distintivo (abajo).

En todos los ejemplares de *Vipera wagneri* –como en este viejo macho– el centro de las manchas dorsales se va oscureciendo, de forma que finalmente parecen pardo negruzcas o incluso completamente negras.

Escamas corporales y cefálicas. Veintitrés hileras de escamas dorsales hacia la mitad del cuerpo. Las escamas de la parte superior de la cabeza están divididas en pequeñas escamas; únicamente las escamas supraoculares son grandes, planas, sobresaliendo un poco por un lado a modo de visera y tocando directamente con el borde superior del ojo. Dos hileras de escamas suboculares entre el borde inferior del ojo y las escamas supralabiales. Nueve escamas supralabiales.

La coloración de fondo de los machos es gris, la de las hembras beige pardusca. Distintivo dibujo dorsal consistente en una serie de manchas redondas y oscuras cuyo centro es de color pardo dorado u ocre y que en el tercio anterior del cuerpo pueden ser manchas dobles ligeramente desplazadas entre sí y que se tocan. En el tercio posterior del cuerpo y en la cola, la hilera de manchas se funde formando una banda ondulada irregular. En los machos viejos las manchas son de color pardo negruzco uniforme. Los flancos presentan anchas barras verticales que en ocasiones conectan las manchas dorsales con la cara ventral. En la parte posterior de la cabeza presenta 2 manchas oscuras semilunares curvadas hacia fuera y atrás.

Delante de éstas existen a menudo unas oscuras manchas borrosas en la parte superior de la cabeza que pueden confluir. Banda oscura en las sienes que va desde los ojos hasta las comisuras bucales. Existen algunas escamas sublabiales que presentan manchas oscuras.

Vientre gris claro y con manchas oscuras aisladas.

Venenosa. Dientes tubulares. Hasta el momento no se ha sabido de accidentes por mordedura, pero el veneno probablemente es altamente eficaz, por lo cual se recomienda mucha precaución con esta víbora.

▲ *Hábitat:* Laderas rocosas con escasa vegetación, cerca de arroyos de montaña. Vive en altitudes entre los 1200 y 2000 metros.

▲ *Biología:* Se conoce muy poco acerca de la biología de esta especie, pero probablemente es parecida a la de la Víbora turca *(Vipera xanthina).* Cuando las condiciones climáticas de las zonas montañosas lo permiten, *V. wagneri* es predominantemente activa durante el día, sobre todo por la mañana y a última hora de la tarde. Durante la época calurosa del año también es activa durante el crepúsculo. En caso de amenaza silba fuertemente.

Hiberna durante varios meses.

▲ *Alimentación:* Probablemente mamíferos pequeños, lagartos y pájaros que anidan en el suelo.

▲ *Reproducción:* Ovovivípara.

▲ *Singularidades:* Es una de las víboras de color y dibujo más bonitas del área aquí descrita. Hilera de manchas dorsales oscuras con centro de color pardo dorado a ocre; grandes manchas oscuras transversales en forma de barra en los flancos, 2 manchas oscuras semilunares en la parte posterior de la cabeza. Fue descubierta y descrita hace poco y hasta el momento sólo unos pocos ejemplares han podido ser estudiados científicamente.

Distribución

Este de Turquía al norte del lago de Van (área de distribución muy restringida); además en la región fronteriza del norte de Irán-Armenia, al norte del lago Urmia.

Mocasín asiático

Agkistrodon (Gloydius) halys (PALLAS, 1776)

Familia vipéridos (Viperidae)

Subfamilia crotalinos (Crotalinae)

F Crotale d'Europe I Crotalid Halys Viper A Halys-Grubenotter

▲ *Características:* Longitud media 60-70 cm, a veces hasta 80 cm.

Crotalino fuerte y corto. La cabeza parece en relación con la de la mayoría de las víboras europeas más plana y angulosa, con forma claramente triangular. Ojos bastante pequeños y presentan la pupila vertical.

Escamas corporales carenadas. Veintitrés hileras de escamas dorsales hacia la mitad del cuerpo. Nueve grandes escamas en la parte superior de la cabeza que son agudas hacia delante y los lados. Entre los ojos y el orificio nasal presenta un órgano sensorial termosensorial, la fosita lo-

real. En la cola presenta una pequeña uña córnea.
La coloración de fondo va desde gris claro o pardo claro, pasando por pardo rojizo a anaranjado. Dibujo dorsal consistente en bandas o manchas transversales pardas oscuras con rebordes negros. En el flanco, directamente por encima de las escamas ventrales, presenta una serie de manchas pequeñas y oscuras. Bandas oscuras en las sienes que van desde los ojos al cuello. Ocasionalmente presenta en la parte anterior de la cabeza un dibujo consistente en 3 triángulos. Vientre por lo general gris claro uniforme y más rara vez con moteado oscuro.
Crotalino venenoso. Dientes tubulares. El veneno no es muy eficaz en el hombre y sólo produce dolor y fuerte tumefacción. A pesar de ello se recomienda el tratamiento médico después de una mordedura.
▲ *Hábitat:* Variados hábitats que

El Mocasín asiático *(Agkistrodon halys)* es la única especie de crotalino del área de distribución aquí comprendida. Posee una fosita termosensorial entre los ojos y los orificios nasales. Al igual que la mayoría de víboras, el Mocasín asiático también es ovovivíparo.

van desde las llanuras a las zonas montañosas. Sobre todo estepas, pero también laderas con arbustos y piedras, pastos y orillas de ríos con densa vegetación. Las grietas de las rocas y las madrigueras frecuentemente sirven de refugio. En zonas montañosas hasta más allá de los 2500 metros, en Asia incluso llega hasta los 3500 metros.
▲ *Biología:* Serpiente terrestre maciza, de actividad crepuscular. Gusta de tomar un baño de sol por la mañana. Es bastante lenta y no muy agresiva; parece ser que confía en su coloración de camuflaje.
Produce un ruido de advertencia con la uña córnea de la punta de

la cola, haciéndola chocar con el suelo. Hibernación de 4-6 meses.

▲ *Alimentación:* Mamíferos pequeños (ratones), pájaros y sus huevos (sobre todo los que anidan en el suelo). Los jóvenes comen lagartos, saltamontes y grillos. Mata sus presas por envenenamiento.

▲ *Reproducción:* Ovovivípara. Apareamiento en abril-mayo; desde pleno verano hasta comienzos del otoño nacen 3-12 crías. Las hembras pueden conservar las células germinales durante varios años después del apareamiento, y criar sin volver a copular.

▲ *Singularidades:* Es el único crotalino del área aquí descrita. Fosita loreal entre los ojos y el orificio nasal. Ovovivípara.

Distribución

Centro y este de Asia hasta Corea y Japón. En el área aquí descrita sólo se encuentra la subespecie *A. h. caraganus* en el borde norte del Mar Caspio y la subespecie *A. h. caucasicus* en la zona sur de Transcaucasia. Algunos zoólogos consideran que esta última subespecie es una especie independiente que lleva el nombre de *Agkistrodon intermedius caucasicus*.

Lista de especies de los diversos países

A continuación se describen las listas de especies de los países o grupos de países del área aquí descrita. Basándose en estas listas es posible obtener información acerca de cuáles son las especies de serpientes existentes en una determinada zona, a fin de poder luego determinar el tipo de serpiente con las claves para la determinación, foto y descripción en la parte específica del libro. La secuencia dentro de los países –listas de especies– al igual que en la parte específica del lugar se hace de acuerdo con la clasificación natural de las familias y subfamilias (serpientes ciegas, serpientes gusano, boidos, culebras, falsas serpientes venenosas, elápidos, víboras, crotalinos) y en los géneros y especies se sigue el orden alfabético de las letras iniciales de sus nombres científicos (latinos). De esta forma se conserva el esquema del libro. No se han incluido las especies que ya pertenecen a la fauna centroafricana o que viven en zonas ya muy alejadas del área mediterránea. Por ello, por ejemplo, no se mencionan *Dasypeltis scabra*, una serpiente oófaga, ni *Atractaspis engaddensis* ni la Víbora bufadora *(Bitis arietans)*.

La clasificación de los países comienza en el norte en Escandinavia e Inglaterra, pasa por España, centro y sur de Europa hacia el este de Europa, Balcanes y Rusia, Turquía, luego hacia los estados fronterizos orientales del Mediterráneo (Siria, Líbano, Israel), este de África del Norte y acaba en África del Norte occidental.

Escandinavia

Culebras – Colubridae;
Colubrinos – Colubrinae

Culebra lisa europea *(Coronella austriaca)*
Culebra de collar *(Natrix natrix)*

Vipéridos – Viperidae

Víbora europea *(Vipera berus)*

Inglaterra

Culebras – Colubridae;
Colubrinos – Colubrinae

Culebra lisa europea *(Coronella austriaca;* sur de Inglaterra)
Culebra de collar (*Natrix natrix;* sur y centro de Inglaterra)

Vipéridos – Viperidae

Víbora europea *(Vipera berus)*

Península Ibérica
(con islas Baleares)

Culebras – Colubridae;
Colubrinos – Colubrinae

Culebra de herradura (*Coluber hippocrepis;* sólo mitad sur de la península)
Culebra verdiamarilla (*Coluber viridiflavus;* sólo región del Pirineo y nordeste ibérico)
Culebra lisa europea (*Coronella austriaca;* sólo en la parte norte de la península y regiones montañosas centrales)

Culebra lisa meridional (*Coronella girondica;* toda la península salvo en el norte)
Culebra de Esculapio (*Elaphe longissima;* sólo nordeste de España, Pirineos y Montes Cantábricos)
Culebra de escalera (*Elaphe scalaris;* toda la península excepto en el norte, también en Menorca)
Culebra viperina (*Natrix maura;* también en Baleares)
Culebra de collar (*Natrix natrix;* también en Baleares)

Boiginos – Boiginae
Culebra de cogulla (*Macroprotodon cucullatus;* también en Baleares)
Culebra bastarda (*Malpolon monspessulanus;* también en Baleares)

Vipéridos – Viperidae
Víbora áspid (*Vipera aspis;* nordeste de España, Pirineos y País Vasco)
Víbora hocicuda (*Vipera latasti;* no existe en el norte)
Víbora ibérica (*Vipera seoanei;* norte de Portugal y noroeste de España)

Francia

Culebras – Colubridae; Colubrinos – Colubrinae
Culebra verdiamarilla (*Coluber viridiflavus)*
Culebra lisa europea (*Coronella austriaca)*
Culebra lisa meridional (*Coronella girondica;* sólo sur de Francia)
Culebra de Esculapio (*Elaphe longissima)*
Culebra de escalera (*Elaphe scalaris;* zona de la costa mediterránea y sur de Francia)
Culebra viperina (*Natrix maura;* sur y sudoeste de Francia)
Culebra de collar *(Natrix natrix)*

Boiginos – Boiginae
Culebra bastarda (*Malpolon monspessulanus;* zona mediterránea de Francia)

Vipéridos – Viperidae
Víbora áspid (*Vipera aspis;* sur y centro de Francia)
Víbora europea *(Vipera berus)*
Víbora ibérica (*Vipera seoanei;* sudoeste de Francia)
Víbora de Orsini (*Vipera ursinii;* en el sudoeste de Francia)

Córcega y Cerdeña

Culebras – Colubridae; Colubrinos – Colubrinae
Culebra de herradura (*Coluber hippocrepis;* sólo Cerdeña)
Culebra verdiamarilla *(Coluber viridiflavus)*
Culebra de Esculapio (*Elaphe longissima;* sólo Cerdeña)
Culebra de collar *(Natrix natrix)*
Culebra viperina (*Natrix maura;* sólo Cerdeña)

Estados del Benelux (Holanda, Bélgica y Luxemburgo)

Culebras – Colubridae; Colubrinos – Colubrinae
Culebra lisa europea *(Coronella austriaca)*
Culebra de collar *(Natrix natrix)*

Vipéridos – Viperidae
Víbora europea *(Vipera berus)*

Alemania

Culebras – Colubridae; Colubrinos – Colubrinae

Culebra lisa europea *(Coronella austriaca)*
Culebra de Esculapio (*Elaphe longissima;* aisladamente)
Culebra de collar *(Natrix natrix)*
Culebra teselada (*Natrix tessellata;* aisladamente)

Vipéridos – Viperidae
Víbora áspid (*Vipera aspis;* aisladamente)
Víbora europea *(Vipera berus)*

Suiza

Culebras – Colubridae;
Colubrinos – Colubrinae
Culebra verdiamarilla *(Coluber viridiflavus)*
Culebra lisa europea *(Coronella austriaca)*
Culebra de Esculapio *(Elaphe longissima)*
Culebra viperina (*Natrix maura;* sudoeste de Suiza)
Culebra teselada *(Natrix tessellata)*

Vipéridos – Viperidae
Víbora áspid (*Vipera aspis;* oeste, centro y sur de Suiza)
Víbora europea *(Vipera berus)*

Austria

Culebras – Colubridae;
Colubrinos – Colubrinae
Culebra lisa europea *(Coronella austriaca)*
Culebra de Esculapio *(Elaphe longissima)*
Culebra de collar *(Natrix natrix)*
Culebra teselada *(Natrix tessellata)*

Vipéridos – Viperidae
Víbora de cuerno (*Vipera ammodytes;* sólo en Carintia y Estiria)
Víbora europea *(Vipera berus)*
Víbora de Orsini (*Vipera ursinii;* poblaciones en extinción en la Alta Austria)

Italia

Culebras – Colubridae;
Colubrinos – Colubrinae
Culebra verdiamarilla *(Coluber viridiflavus)*
Culebra lisa europea *(Coronella austriaca)*
Culebra lisa meridional *(Coronella girondica)*
Culebra de Esculapio *(Elaphe longissima)*
Culebra de cuatro rayas *(Elaphe quatuorlineata)*
Culebra leopardina (*Elaphe situla;* sur de Italia y Sicilia)
Culebra viperina (*Natrix maura;* noroeste de Italia)
Culebra de collar *(Natrix natrix)*
Culebra teselada (*Natrix tessellata;* excepto en el extremo sur de Italia y Sicilia)

Boiginos – Boiginae
Culebra bastarda (*Malpolon monspessulanus;* aisladamente en el norte de Italia)

Vipéridos – Viperidae
Víbora de cuerno (*Vipera ammodytes;* aisladamente en la región alpina)
Víbora áspid *(Vipera aspis)*
Víbora europea (*Vipera berus;* región alpina)
Víbora de Orsini (*Vipera ursinii;* centro de Italia)

Polonia y Checoslovaquia

Culebras – Colubridae;
Colubrinos – Colubrinae
Culebra lisa europea *(Coronella austriaca)*

Culebra de Esculapio (*Elaphe longissima;* sólo sur de Polonia y Checoslovaquia)
Culebra de collar *(Natrix natrix)*
Culebra teselada (*Natrix tessellata;* sur de Polonia y Checoslovaquia)

Vipéridos – Viperidae
Víbora europea *(Vipera berus)*

Hungría y Rumania

Boidos – Boidae;
Ericinos – Erycinae
Boa jabalina (*Eryx jaculus;* en Rumania, Dobrudscha)

Culebras – Colubridae;
Colubrinos – Colubrinae
Culebra del Caspio (*Coluber caspius;* aisladamente en Hungría)
Culebra lisa europea *(Coronella austriaca)*
Culebra de Esculapio *(Elaphe longissima)*
Culebra de cuatro rayas (*Elaphe quatuorlineata;* en Rumania, Dobrudscha)
Culebra de collar *(Natrix natrix)*
Culebra teselada *(Natrix tessellata)*

Vipéridos – Viperidae
Víbora de cuerno (*Vipera ammodytes;* Rumania)
Víbora europea *(Vipera berus)*
Víbora de Orsini *(Vipera ursinii)*

Bulgaria

Serpientes ciegas – Typhlopidae
Culebra vermiforme *(Typhlops vermicularis)*

Boidos – Boidae;
Boas jabalinas – Erycinae
Boa jabalina *(Eryx jaculus)*

Culebras – Colubridae;
Colubrinos – Colubrinae
Culebra del Caspio *(Coluber caspius)*
Culebra de Dahl *(Coluber najadum)*
Culebra rojiza *(Coluber rubriceps* (costa búlgara del Mar Negro)
Culebra lisa europea *(Coronella austriaca)*
Culebra de Esculapio *(Elaphe longissima)*
Culebra de cuatro rayas (*Elaphe quatuorlineata;* sur de Bulgaria)
Culebra de collar *(Natrix natrix)*
Culebra teselada *(Natrix tessellata)*

Vipéridos – Viperidae
Víbora de cuerno *(Vipera ammodytes)*
Víbora europea *(Vipera berus)*
Víbora de Orsini *(Vipera ursinii)*

Yugoslavia y Albania

Serpientes ciegas – Typhlopidae
Culebra vermiforme *(Typhlops vermicularis)*

Boidos – Boidae;
Ericinos – Erycinae
Boa jabalina *(Eryx jaculus)*

Culebras – Colubridae;
Colubrinos – Colubrinae
Culebra del Caspio (*Coluber caspius;* no existe en el oeste de Yugoslavia)
Culebra de los Balcanes *(Coluber laurenti)*
Culebra de Dahl *(Coluber najadum)*
Culebra verdiamarilla (*Coluber viridiflavus;* sólo en Istria y región de la costa noroccidental)
Culebra lisa europea *(Coronella austriaca)*

Culebra de Esculapio *(Elaphe longissima)*
Culebra de cuatro rayas (*Elaphe quatuorlineata;* oeste a sur de Yugoslavia y Albania)
Culebra leopardina (*Elaphe situla;* oeste de Yugoslavia y Albania)
Culebra de collar *(Natrix natrix)*
Culebra teselada *(Natrix tessellata)*

Boiginos – Boiginae
Culebra bastarda (*Malpolon monspessulanus;* costa adriática)
Serpiente gato (*Telescopus fallax;* oeste de Yugoslavia y Albania)

Vipéridos – Viperidae
Víbora de cuerno *(Vipera ammodytes)*
Víbora europea *(Vipera berus)*
Víbora de Orsini (*Vipera ursinii;* aisladamente en Yugoslavia occidental y Albania)

Grecia
(con islas del Egeo y Creta)

Serpientes ciegas – Typhlopidae
Culebra vermiforme *(Typhlops vermicularis)*

Boidos – Boidae;
Ericinos – Erycinae
Boa jabalina *(Eryx jaculus)*

Culebras – Colubridae;
Colubrinos – Colubrinae
Culebra del Caspio *(Coluber caspius)*
Culebra de los Balcanes *(Coluber laurenti)*
Culebra de Dahl *(Coluber najadum)*
Culebra viperina oriental *(Coluber nummifer* (sólo islas del Dodecaneso)
Culebra lisa europea *(Coronella austriaca)*
Culebra de Esculapio (*Elaphe longissima;* no existe en Creta)
Culebra de cuatro rayas *(Elaphe quatuorlineata)*
Culebra leopardina *(Elaphe situla)*
Culebra de collar *(Natrix natrix)*
Culebra teselada *(Natrix tessellata)*

Boiginos – Boiginae
Culebra bastarda (*Malpolon monspessulanus;* no en Creta)
Serpiente de gato *(Telescopus fallax)*

Vipéridos – Viperidae
Víbora de cuerno *(Vipera ammodytes)*
Víbora de Oriente (*Vipera lebetina;* sólo en el archipiélago de Milos y unas pocas islas de las Cícladas occidentales)
Víbora de Orsini (*Vipera ursinii;* aisladamente en el norte de Grecia)
Víbora turca (*Vipera xanthina;* islas griegas orientales)

CEI europea
(en el sur hasta la frontera con la región nordoccidental de Irán)

Serpientes ciegas – Typhlopidae
Culebra vermiforme *(Typhlops vermicularis)*

Boidos – Boidae;
Ericinos – Erycinae
Boa jabalina (*Eryx jaculus;* sudoeste de la CEI)
Eryx miliaris (sudoeste de la CEI)

Culebras – Colubridae;
Colubrinos – Colubrinae
Culebra del Caspio *(Coluber caspius)*

Culebra látigo grande (*Coluber jugularis;* sudoeste de la CEI)
Culebra de Dahl *(Coluber najadum)*
Culebra de Ravergier *(Coluber ravergieri)*
Culebra de Schmidt (*Coluber schmidti;* al sur del Cáucaso)
Culebra lisa europea *(Coronella austriaca)*
Eirenis collaris (sudoeste de la CEI)
Culebra enana *(Eirenis modestus* (sudoeste de la CEI)
Eirenis punctatolineatus (extremo sudoeste de la CEI)
Elaphe dione (sur de la CEI)
Culebra de Hohenacker *(Elaphe hohenackeri)*
Culebra de Esculapio (*Elaphe longissima;* sudoeste de la CEI)
Culebra de cuatro rayas (*Elaphe quatuorlineata;* sudoeste de la CEI)
Culebra leopardina (*Elaphe situla;* Crimea y sudoeste de la CEI)
Natrix megalocephala (extremo sudoeste de la CEI desde el Mar Negro al Cáucaso)
Culebra de collar *(Natrix natrix)*
Culebra teselada (*Natrix tessellata;* sur de la CEI)
Rhynchocalamus melanocephalus (extremo sudoeste de la CEI)

Boiginos – Boiginae
Culebra bastarda (*Malpolon monspessulanus;* extremo sudoeste de la CEI)
Serpiente gato (*Telescopus fallax;* sur de la CEI)

Vipéridos – Viperidae
Víbora de cuerno (*Vipera ammodytes;* extremo sudoeste de la CEI al este del Mar Negro)
Víbora europea (*Vipera berus;* no existe en el sur de la CEI)
Víbora de Darevski (*Vipera darevskii;* región fronteriza de Armenia)
Vipera dinniki (región del Cáucaso)
Vipera kaznakovi (entre el Mar Negro y el Cáucaso)
Víbora de Oriente (*Vipera lebetina;* sudoeste de la CEI desde la región del Cáucaso hacia el sur)
Víbora de Radde (*Vipera raddei;* Armenia, Adserbeiyán)
Víbora de Orsini (*Vipera ursinii;* sur de la CEI)

Crotalinos – Crotalinae
Mocasín asiático (*Agkistrodon halys;* en la CEI europea sólo se encuentra en el margen nordoccidental del Mar Caspio y también en la región transcaucásica meridional)

Turquía (con las islas turcas del Mediterráneo)

Serpientes ciegas – Typhlopidae
Culebra vermiforme *(Typhlops vermicularis)*

Serpientes gusano – Leptotyphlopidae
Leptotyphlops macrorhynchus

Boidos – Boidae;
Ericinos – Erycinae
Boa jabalina *(Eryx jaculus)*

Culebras – Colubridae;
Colubrinos – Colubrinae
Culebra del Caspio *(Coluber caspius)*
Culebra látigo grande *(Coluber jugularis)*
Culebra de Dahl *(Coluber najadum)*
Culebra viperina oriental *(Coluber nummifer)*

Culebra de Ravergier *(Coluber ravergieri)*
Culebra rojiza *(Coluber rubriceps)*
Culebra de Schmidt *(Coluber schmidti)*
Culebra lisa europea (*Coronella austriaca;* norte de Turquía)
Eirenis barani (sur de Turquía, provincia de Adana)
Eirenis collaris (este de Turquía)
Eirenis coronella (sudeste de Turquía)
Eirenis decemlineatus (sur de Turquía)
Eirenis eiselti (sudeste de Turquía)
Eirenis lineomaculatus (sudeste de Turquía)
Culebra enana *(Eirenis modestus)*
Eirenis persicus (sudeste de Turquía)
Eirenis punctatolineatus (este de Turquía)
Eirenis rothi (sur de Turquía)
Elaphe dione
Culebra de Hohenacker *(Elaphe hohenackeri)*
Culebra de Esculapio *(Elaphe longissima)*
Culebra de cuatro rayas (*Elaphe quatuorlineata;* oeste de Turquía)
Culebra leopardina (*Elaphe situla;* oeste y norte de Turquía)
Culebra de collar *(Natrix natrix)*
Culebra teselada *(Natrix tessellata)*
Rhynchocalamus melanocephalus (este de Turquía)

Boiginos – Boiginae
Culebra bastarda *(Malpolon monspessulanus)*
Serpiente gato *(Telescopus fallax)*

Vipéridos – Viperidae
Víbora de cuerno (*Vipera ammodytes;* oeste y noroeste de Turquía)
Vipera barani (cerca de la costa turca del Mar Negro)
Vipera bulgardaghica (Tauro)
Vipera kaznakovi (noroeste de Turquía)
Víbora de Oriente (*Vipera lebetina;* sudeste y este de Turquía)
Víbora de Radde (*Vipera raddei;* región fronteriza turco-iraní)
Víbora de Orsini (*Vipera ursinii;* sur y este de Turquía)
Vipera wagneri (este de Turquía al norte del lago Van)
Víbora turca (*Vipera xanthina;* oeste y centro de Turquía, islas turcas del Mediterráneo)

Chipre

Serpientes ciegas – Typhlopidae
Culebra vermiforme *(Typhlops vermicularis)*

Culebras – Colubridae; Colubrinos – Colubrinae
Culebra de Chipre *(Coluber cypriensis)*
Culebra látigo grande *(Coluber jugularis)*
Culebra viperina oriental *(Coluber nummifer)*
Culebra enana *(Eirenis modestus)*
Culebra de collar *(Natrix natrix)*

Boiginos – Boiginae
Culebra bastarda *(Malpolon monspessulanus)*
Serpiente gato *(Telescopus fallax)*

Vipéridos – Viperidae
Víbora de Oriente *(Vipera lebetina)*

Estados orientales mediterráneos

(Siria, Líbano e Israel)

Serpientes ciegas – Typhlopidae
Typhlops simoni
Culebra vermiforme *(Typhlops vermicularis)*

Serpientes gusano – Leptotyphlopidae
Leptotyphlops macrorhynchus
Leptotyphlops phillipsi

Boidos – Boidae;
Ericinos – Erycinae
Boa jabalina *(Eryx jaculus)*

Culebras – Colubridae;
Colubrinos – Colubrinae
Coluber elegantissimus (sólo en el Wadi' Arava)
Culebra látigo grande *(Coluber jugularis)*
Culebra de Dahl *(Coluber najadum)*
Culebra viperina oriental *(Coluber nummifer)*
Culebra de Jan *(Coluber rhodorachis)*
Coluber rogersi
Culebra rojiza *(Coluber rubriceps)*
Culebra de Schmidt (*Coluber schmidti;* sólo norte de Siria)
Coluber ventromaculatus
Eirenis coronella
Eirenis decemlineatus
Eirenis lineomaculatus
Eirenis rothi (región costera)
Lytorhynchus diadema
Culebra teselada (*Natrix tesellata;* sólo en el noroeste de Siria)
Rhynchocalamus melanocephalus
Spalerosophis diadema

Boiginos – Boiginae
Culebra de cogulla *(Macroprotodon cucullatus)*
Malpolon moilensis
Culebra bastarda *(Malpolon monspessulanus)*
Psammophis sokokari
Telescopus dhara
Serpiente gato *(Telescopus fallax)*

Aparalactinos – Aparallactinae
Micrelaps muelleri

Elápidos – Elapidae
Áspid de Cleopatra (*Naja haje;* rara, en la región sur y sudoeste de Israel)
Cobra del desierto *(Walterinnesia aegyptia)*

Vipéridos – Viperidae
Víbora cornuda *(Cerastes cerastes)*
Víbora colinegra *(Cerastes vipera)*
Víbora de escamas aserradas árabe *(Echis coloratus;* sólo Israel)
Pseudocerastes persicus
Vipera bornmuelleri (sólo Líbano y región fronteriza entre Líbano y Siria)
Víbora de Oriente *(Vipera lebetina)*
Vipera palaestinae

África del Norte oriental
(Libia y Egipto)

Serpientes gusano – Leptotyphlopidae
Leptotyphlops cairi
Leptotyphlops macrorhynchus

Boidos – Boidae;
Ericinos – Erycinae
Boa jabalina *(Eryx jaculus)*
Eryx colubrinus

Culebras – Colubridae;
Colubrinos – Colubrinae
Coluber florulentus
Culebra viperina oriental *(Coluber nummifer)*

Culebra de Jan *(Coluber rhodorachis)*
Coluber rogersi
Culebra del Sinaí (*Coluber sinai;* Península del Sinaí)
Eirenis coronella (este de Egipto)
Lytorhynchus diadema
Spalerosophis diadema

Boiginos – Boiginae
Culebra de cogulla *(Macroprotodon cucullatus)*
Malpolon moilensis
Culebra bastarda *(Malpolon monspessulanus)*
Psammophis schokari
Psammophis sibilans
Telescopus dhara (eventualmente *Telescopus tripolitanus* como subespecie en Libia)
Serpiente gato (*Telescopus fallax;* este de Egipto)

Elápidos – Elapidae
Áspid de Cleopatra *(Naja haje)*
Cobra del desierto *(Walterinnesia aegyptia;* sólo Egipto oriental)

Vipéridos – Viperidae
Víbora cornuda *(Cerastes cerastes)*
Víbora colinegra *(Cerastes vipera)*
Gariba *(Echis carinatus)*
Víbora de escamas aserradas árabe *(Echis coloratus;* sólo Egipto, al este del Nilo)
Vipera mauritanica (sólo al oeste de Libia)

África del Norte occidental
(Túnez, Argelia y Marruecos)

Serpientes gusano – Leptotyphlopidae
Leptotyphlops macrorynchus

Boidos – Boidae;
Ericinos – Erycinae
Boa jabalina *(Eryx jaculus)*

Culebras – Colubridae;
Colubrinos – Colubrinae
Culebra argelina *(Coluber algirus)*
Culebra de herradura *(Coluber hippocrepis)*
Culebra lisa meridional *(Coronella girodinca)*
Lytorhynchus diadema (Túnez, Argelia)
Culebra viperina *(Natrix maura)*
Culebra de collar *(Natrix natrix)*
Spalerosophis diadema

Boiginos – Boiginae
Culebra de cogulla *(Macroprotodon cucullatus)*
Malpolon moilensis
Culebra bastarda *(Malpolon monspessulanus)*
Psammophis schokari
Psammophis sibilans
Pseudotarbophis gabesiensis (o *Telescopus dhara gabesiensis* o *Telescopus tripolitanus gabesiensis;* sólo en el sur de Túnez)

Elápidos – Elapidae
Áspid de Cleopatra *(Naja haje)*

Vipéridos – Viperidae
Víbora cornuda *(Cerastes cerastes)*
Víbora colinegra *(Cerastes vipera)*
Gariba *(Echis carinatus)*
Víbora hocicuda *(Vipera latasti)*
Víbora de Oriente (*Vipera lebetina;* como subespecie *transmediterranea* sólo muy localmente en Argelia y Túnez)
Vipera mauritanica
Vipera monticola (sólo Alto Atlas en Marruecos)

Bibliografía

Libros

ANDRADA, J.: Guía de Campo de los Anfibios y Reptiles de la Península Ibérica; – Ediciones Omega, S.A., Barcelona 1985.

ANGEL, F.: Faune de France, Reptiles et Amphibiens; – Lechevalier, París, 1946.

ARNOLD, E. N. y J. A. BURTON: Guía de Campo de los Reptiles y Anfibios de España y Europa; – Ediciones Omega, S.A., Barcelona 1987.

BIELLA, H. J.: Die Sandotter, Vipera ammodytes; – Die Neue Brehm-Bücherei, A. Ziemsen Verlag, Wittenberg Lutherstadt 1983.

BONS, J. y B. GIROT: Clé illustrée des Reptiles du Maroc; – Travaux de l'Institut Scientific Chérifien, Série Zoologie No. 26. Rabat 1962.

BOULENGER, G. A.: Catalogue of the snakes in the British Museum (Nat. Hist.); – The Trustees of the British Museum (Nat. Hist.), Londres 1893 (Volumen 1), 1894 (Volumen 2), 1896 (Volumen 3).

BRUNO, S. y S. MAUGERI: Guía de las Serpientes de Europa; – Ediciones Omega, S.A. Barcelona 1992.

BRUNO, S.: Le Vipere d'Italia e d'Europa; – Edagricole, Bolonia 1985.

DIESENER, G. y J. REICHHOLF: Lurche und Kriechtiere; – Steinbachs Naturfürher, Mosaik Verlag, Munich 1986.

ENGELMANN, W. E. y F. J. OBST: Mit gespaltener Zunge, aus der Biologie und Kulturgeschichte der Schlangen; – Verlag Herder, Friburgo, Basilea, Viena 1981.

ESCRIVA, L. J. B.: La Guía de Incafo de los Anfibios y Reptiles de la Península Ibérica, Islas Baleares y Canarias; – Incafo, Madrid 1987.

FROMMHOLD, E.: Die Kreuzotter; – Die Neue Brehm-Bücherei, A. Ziemsen Verlag, Wittenberg Lutherstadt 1964.

GRUBER, U. & H. PACE: Lebende Schlangen (Riesenschlangen, Nattern, Vipern aus fünf Erdteilen); – Freunde der Zoologischen Staatssammlung München e.V. 1978.

HARDING, K. A. y K. R. G. WELCH: Venomous Snakes of the World, a checklist; – Pergamon Press, Oxford – Nueva York – París – Frankfurt 1980.

LUTTENBERGER, F.: Die Schlangen Österreichs; – Facultas-Verlag, Viena 1978.

MATZ, G. y D. WEBER: Amphibien und Reptilien. Die 169 Arten Europas farbig abgebildet; – BLV Bestimmunsbuch, BLV Verlagsgesellschaft Munich – Viena – Zurich 1983.

MEIER, M. y R. SCHNIEPER: Amphibien und Reptilien der Schweiz; – Mondo-Verlag, Lausana 1986.

MERTENS, R.: Welches Tier ist das? Kriechtiere und Lurche; Kosmos-Verlag, Franckh'sche Verlagshandlung Stuttgart 1952.

MERTENS, R.: Die Amphibien und Reptilien Europas, 3. Liste nach dem Stand vom 1.1. 1960; – Verlag Waldemar Kramer, Frankfurt 1960.

NILSON, G. y C. ANDRÉN: The mountain vipers of the Middle East, the Vipera xanthina complex (Reptilia, Viperidae); – Bonner Zoologische Monographien Nr. 20, 1986.
OBST, F. J.; K. RITCHTER y U. JACOB: Lexikon der Terraristik und Herpetologie; – Landbuch-Verlag, Hannover 1984.
PASTEUR, G. y J. BONS: Catalogue des reptiles actuels du Maroc; – Travaux de l'institut scientifique chérifien, série zoologie No. 21, Rabat 1960.
PHELPS, T.: Poisonous Snakes; – Blanford Press, Dorset 1981.
SALVADOR, A.: Guía de los anfibios y reptiles españoles; – Instituto Nacional para la Conservación de la Naturaleza, Madrid 1974.
SCHLEICH, H. H.: Studies on the Herpetology of Kouf National Park and adjacent areas of Cyrenaika, with a checklist of the Amphibians and Reptiles of Libya; – IUNC Report, 1984.
SCHMIDT, K. P. y R. F. INGER: Knaurs Tierreich in Farben, Reptilien; – Droemersche Verlaganstalt Th. Knaur, Munich – Zurich 1957.
SCORTECCI, G.: Gli Ofidi Velenosi dell'Africa Italiana; – Istituto Sieroterapico Milanese, Milán 1939.
SMITH, M. A.: The Fauna of British India, Ceylon and Burma, Reptilia and Amphibia, Volume III, Serpentes; – Taylor and Francis, Londres 1943.
STEWARD, J. W.: The Snakes of Europe; – David & Charles Publishers, Newton Abbot 1971.
TERENT'EV, P. V. y S. A. CHERNOV: Key to the Amphibians and Reptiles of Russia; – Ministry of Higher Education of the UdSSR, Israel Program for Scientific Translations, Jerusalén 1965 (traducido del ruso).
TRUTNAU, L.: Schlangen im Terrarium, Tomo 1 ungiftige Schlangen, Tomo 2 Giftschlangen; – Verlag Eugen Ulmer, Stuttgart 1979 y 1981.
URDAPILLETA, C. E. y R. J. BUTTICAZ: Fauna de Navarra, Anfibios y Reptiles; – Colección Diario de Navarra, Pamplona 1982.
VOGEL, Z.: Riesenschlangen aus aller Welt; – Die Neue Brehm-Bücherei, A. Ziemsen Verlag, Wittenberg Lutherstadt 1968.
WELCH, K. R. G.: Herpetology of Africa: a checklist and bibliography of the orders Amphisbaenia, Sauria and Serpentes; – Robert E. Krieger Publishing Company, Malabar Florida 1982.
WELCH, K. R. G.: Herpetology of Europe and Southwest Asia: a checklist and bibliography of the orders Amphisbaenia, Sauria and Serpentes; – Robert E. Krieger Publishing Company, Malabar Florida 1983.
WERNER, F.: Die Amphibien und Reptilien Griechenlands;– Zoologica 94, Stuttgart 1938.
WETTSTEIN, O.: Herpetologia aegea; – Sitzungsberichte der Österreichischen Akademie der Wissenschaften, mathematische-naturwissenschaftliche Klasse, Viena 1953.

Índice alfabético

A

Acrochordidae, 45
Adder, 193
Aesculapian snake, 120
Agkistrodon halys, 45, 227
halys caraganus, 229
intermedius, 229
Ägyptische Sandboa, 60
Schlankblindschlange, 55
Zornnatter, 73
Algerian whip snake, 66
Algerische Zornnatter, 66
Alimentación, 18, 19, 22
Anderson's whip snake, 88
Andersons Pfeilnatter, 88
Anguis fragilis, 11
Aniliidae, 45
Anomalepidae, 45
Anomalépidos, 45
Aparalactinos, 45, 48, 49, 165
Aparallactinae, 47, 49, 165
Apareamiento, *véase* Cópula
Arabian saw-scaled viper, 180
Arabische Sandrasselotter, 180
Armenian dwarf snake, 115
Armenische Bergotter, 213
Zwergnatter, 115
Askulapnatter, 120
Asp viper, 189
Áspid de Cleopatra, 34, 166, 167
Aspisviper, 189
Atlas dwarf viper, 209
Mountain-viper, 208
Zwergotter, 209
Atlasotter, 208
Avicenna's viper, 175
Avicennaviper, 175
Awl-headed snake, 131

B

Balkan whip snake, 77
Zornnatter, 77
Baran's adder, 223
dwarf snake, 104
Barans Otter, 223
Zwergnatter, 104
Biacco, 96
Bigheaded grass-snake, 135
Biscia da collare, 137
tassellata, 144
viperina, 132
Black desert cobra, 168
dwarf snake, 146
Blunt-nosed viper, 205
Boa del desierto, 40, 47
delle sabbie, 61
des sables d'Egypte, 60
des sables occidentale, 61
des sables orientale, 63
jabalina, 45, 61
Boidae, 45, 47, 59 y sigs.
Boidos, 10, 32, 45, 47, 59 y sigs.
Boiginae, 33, 45, 47-49, 149, y sigs.
Boiginos, 32, 33, 45-49, 65, 149, y sigs.
Boinae, 45
Boinos, 45
Bolierinos, 45
Bolyeriinae, 45

C

Cairo earthsnake, 55
Calamarinae, 45
Calamarinos, 45
Caspian whip snake, 67
Caucasian snake, 119
viper, 202
Cerastes, 50
cerastes, 40, 173
cerastes cerastes, 175
cerastes gasperetti, 175
vipera, 40, 175
Cervone, 123
Cintura escapular, 12
pélvica, 12
Cobra(s), 50, 99, 132, 137, 153
d'Egypte, 167
del desierto, 50, 166, 168
noire du désert, 168
Cobra-de-agua-de-colar, 137
Cobra-de-agua-viperina, 132
Cobra-de-capuz, 149
Cobra-de-escada, 126
Cobra-de-ferradura, 74
Cobra-lisa, 99
Cobra-rateira, 153
Coin snake, 82
Collared dwarf snake, 105
Coluber, 48, 49
algirus, 49, 66
algirus algirus, 67
algirus intermedius, 67
caspius, 67
cypriensis, 30, 70
elegantissimus, 49, 71
florulentus, 49, 73
gemoensis, 79
hippocrepis, 74
jaculus turcicus, 62
jugularis, 49, 76
jugularis asianus, 77
jugularis jugularis, 77
laurenti, 77
laurenti gyarosensis, 79
najadum, 80
najadum dahli, 82
najadum kalymnensis, 82
najadum najadum, 82
nummifer, 49, 82
ravergieri, 48, 49, 85
ravergieri ravergieri, 86
rhodorachis, 49, 87
rogersi, 48, 88

rubriceps, 90
schmidti, 92
sinai, 73
ventromaculatus, 94
viridiflavus, 79, 96
viridiflavus carbonarius, 99
viridiflavus viridiflavus, 99
Colubridae, 45, 47, 48, 65 y sigs.
Colubrinae, 45, 48, 66, 146 y sigs.
Colubrinos, 45, 48, 66, 146 y sigs.
Colubro azzannatore, 67
bilineato, 126
carsico, 162
de Ricciòli, 102
dei Balcani, 77
del cappuccio, 149
di Esculapio, 120
ferro di cavallo, 74
lacertino, 153
leopardino, 128
liscio, 99
maghrebino, 66
nano, 112
rossastro, 90
saetta, 80
viperino, 82
Common viper, 193
Conducta, 30, 31
Cópula, 23, 24
Coronella austriaca, 18, 23, 99, 103
austriaca austriaca, 102
austriaca fitzingeri, 102
girondica, 102
Coronelle girondine, 102
Couleuvre à capuchon, 149
à collier, 137
à diadème, 147
à échelons, 126
à monnaie, 82
à quatre lignes, 123
à tête de poinçon, 131
à tête grande, 135
à tête noire, 146
algérien, 66
chat, 162
chat d'Israèl, 160
d'Anderson, 88
d'Egypte, 73
d'Esculape, 120
de Cypre, 70
de Dioné, 117
de Hohenacker, 119
de Jan, 87
de Moila, 151
de Montpellier, 153
de Roth, 116
des Balkans, 77
du sable de Forskal, 156
fer-à-cheval, 74
léopardine, 128
lisse, 99
naine, 112
naine à collier, 105
naine à dix lignes, 107
naine couronnée, 106
naine d'Arménie, 115
naine d'Eiselt, 109
naine de Baran, 104
naine de la Perse, 113
naine rayée, 110
rayée du sable, 158
tachetée, 94
tessellée, 144
verte et jaune, 96
vipérine, 132
Cráneo, 12
Crotale d'Europe, 227
Crotalid halys viper, 227
Crotalinae, 45, 50
Crotalinos, 17, 18, 23, 32, 33, 45, 50
Crowned dwarf snake, 106
Cuidados en el terrario, 43, 44
Culebra(s), 32, 45, 47, 48, 65 y sigs.
argelina, 66
bastarda, 33, 153
de bucerring, 49
de Chipre, 70
de cogulla, 50, 65, 149
de collar, 13, 18, 21, 26, 27, 29, 30, 31, 40, 41, 45, 137
de cuatro rayas, 25, 123
de Dahl, 80
de escalera, 126
de Esculapio, 19, 45, 120
de herradura, 74
de Hohenacker, 119
de Jan, 87
de los Balcanes, 77
de Ravergier, 85
de Schmidt, 92
del Caspio, 67
enanas, 40, 48
látigo grande, 76
leopardina, 20, 128
lisa europea, 23, 28, 99
lisa meridional, 102
llisa meridional, 102
llisa septentrional, 99
rojiza, 90
teselada, 40, 144
típicas, 65
verdiamarilla, 96
vermiforme, 40, 54
viperina, 30, 40, 132
viperina oriental, 48, 49, 82
Culebrinos, 48
Cyprus whip snake, 70

D

Daboia bornmuelleri, 197, véase también *Vipera bornmuelleri*
bulgardaghica, 198, véase también *Vipera bulgardaghica*
lebetina, 205, véase también *Vipera lebetina*
mauritanica, 208, véase también *Vipera mauritanica*
palaestinae, 211, véase también *Vipera palaestinae*
raddei, 213, véase también *Vipera raddei*
wagneri, 224, véase también *Vipera wagneri*
xanthina, 221, véase también *Vipera xanthina*
Dhal's whip snake, 80
Darevski Kreuzotter, 199
Darevski's Adder, 199
Dasypeltinae, 45
Desert sandboa, 63

Diadem snake, 147
Diademnatter, 147
Dice snake, 144
Dientes, 12, 32, 33
aglifos, 32
opistoglifos, 32, 33
proteroglifos, 32, 33
solenoglifos, 32, 33
Dione-Natter, 117
snake, 117
Dipsadinae, 45
Dipsadinos, 45

E

Echide cerénée, 178
cerénée d'Arabie, 180
Echis, 50
carinatus, 30, 34, 40, 178
carinatus astolae, 179
carinatus carinatus, 179
carinatus leakeyi, 179
carinatus ocellatus, 179
carinatus pyramidum, 179
carinatus sinhaleyus, 179
carinatus sochureki, 179
coloratus, 180
Edad, 29
Egyptian cobra, 167
sandboa, 60
whip snake, 73
Eirenis, 40, 48
barani, 104
collaris, 105
coronella, 106
decemlineatus, 107
eiselti, 109
lineomaculatus, 110
modestus, 112
persicus, 113
punctolineatus, 115
punctolineatus kumerloevei, 116
punctolineatus punctolineatus, 116
rothi, 116
Eiselt's dwarf snake, 109
Eiselts Zwergnatter, 109
Elachistodontinae, 45
Elaphe, 40, 49
dione, 49, 117
hohenackeri, 49, 119
hohenackeri hohenackeri, 120
hohenackeri taurica, 120
longissima, 45, 120
longissima longissima, 123
longissima romana, 123
quatuorlineata, 48, 49, 123
quatuorlineata quatuorlineata, 126
quatuorlineata rechingeri, 126
quatuorlineata sauromates, 126
scalaris, 126
situla, 49, 128
Elapidae, 45, 47, 50, 166 y sigs.
Elápidos, 32, 33, 45, 47, 50, 166 y sigs.
Elaquistodontinos, 45
Enemigos, 41, 42
Ericinos, 60
Erycinae, 45, 60
Eryx, 40, 47, 59, 63
colubrinus, 40, 60
jaculus, 45, 61
jaculus familiaris, 62
jaculus jaculus, 62
jaculus turcicus, 62
miliaris, 63
Escamas, 12
cefálicas, 46
Escurçó ibèric, 204
pirinenc, 189
Especies protegidas, 42
Esqueleto, 12
lumbar, 10
Europäische Eidechsennatter, 153
Hornotter, 183
Katzennatter, 162

F

False smooth snake, 149
Forskal's sandsnake, 156
Fosita loreal, 17, 18
Fourlined snake, 123

G

Gariba, 30, 34, 40, 178
Gefleckte Zornnatter, 94
Gekrönte Schnauzennatter, 131
Gelbgrüne Zornnatter, 96
Gestreifte Sandrennatter, 158
Girondische Glattnatter, 102
Schlingnatter, 102
Glattnatter, 99
Gloydius halys, 227
Grass snake, 137
Grosskopf-Ringelnatter, 135

H

Hábitat, 40, 41
Hakenschnabel-Schlankblindschlange, 57
Halsband-Zwergnatter, 105
Halys-Grubenotter, 227
Hemipenes, 12, 23, 25
Hidrofinos, 45
Hidrópidos, 33
Hierophis caspius, 67, véase también *Coluber caspius*
jugularis, 76, v. también *Coluber jugularis*
laurenti, 77, v. también *Coluber laurenti*
schmidti, 92, v. también *Coluber schmidti*
viridiflavus, 96, véase también *Coluber viridiflavus*
Homalopsinae, 45
Homalopsinos, 45
Hombre, influencia del, 41
Hookbilled blindsnake, 57
Horned viper, 173
Hornviper, 173
Horseshoe whip snake, 74
Huevos, 23, 25, 26, 27
Hufeisennatter, 74
Hydrophiidae, 45
Hydrophiinae, 45

I

Iberian viper, 215
Ilísidos, 10, 45
Israelian cat snake, 160

worm snake, 53
Israelische Katzennatter, 160
Wurmschlange, 53

J

Jan's whip snake, 87
Jans Pfeilnatter, 87

K

Kapuzennatter, 149
Kaspische Pfeilnatter, 67
Springnatter, 67
Kaukasus Otter, 202
Kleinasiatische Bergotter, 211
Kopfbinden-Zwergnatter, 112
Kreuzotter, 193
Krönchen-Zwergnatter, 106

L

Ladder snake, 126
Längsgepunktete Zwergnatter, 110
Lanthanotus borneensis, 10
Large whip snake, 76
Lataste's viper, 204
Laticaudinae, 45
Leopard snake, 128
Leopardnatter, 128
Leptotiflópidos, 32
Leptotyphlopidae, 47
Leptotyphlops, 45, 47, 54
cairi, 55
macrorhynchus, 45, 57
macrorhynchus bilmaensis, 58
macrorhynchus macrorhynchus, 58
phillipsi, 58
Levanteotter, 205
Leyes, 43
Libanesische Bergotter, 197
Libanon viper, 197
Localización mediante el calor, 18
Locomoción, 12-15
Loxoceminae, 45
Loxoceminos, 45
Luchas rituales, 22
Lycodontinae, 45
Lytorhynchus, 48
diadema, 131

M

Macroprotodon, 50, 149
cucullatus, 149
cucullatus brevis, 151
cucullatus cucullatus, 151
cucullatus mauritanicus, 151
Malpolon, 151
moilensis, 151
monspessulanus, 45, 153
monspessulanus insignitus, 155
monspessulanus monspessulanus, 155
Marasso, 193
Medicamentos fabricados con veneno de serpiente, 35
Micrelaps, 45, 49
muelleri, 45, 165
Mocasín asiático, 33, 45, 227
Moilanatter, 151
Moilasnake, 151
Montpellier snake, 153
Most beautiful whip snake, 71
Muda, 20-22
Mueller's ground viper, 165
Muellers Erdviper, 165
Münznatter, 82

N

Naja, 50
haje, 34, 45, 166, 167
haje anchieta, 168
haje annulifera, 168
haje haje, 168
Narrow-striped dwarf snake, 107
Natricinae, 45, 48, 132
Natricinos, 45, 48, 132
Natrix, 132, 137, 144
maura, 30, 40, 132
megalocephala, 48, 135
natrix, 18, 29, 30, 31, 40, 41, 45, 137
natrix astreptophora, 141
natrix cetti, 141
natrix corsa, 141
natrix helvetica, 141
natrix natrix, 141
natrix persa, 137, 141
natrix scutata, 141
natrix schweizeri, 141
natrix sicula, 141
tessellata, 40, 144
tessellata heinrothi, 146
tessellata tessellata, 146
Neurotoxinas, 34
Nordiberische Kreuzother, 215
Nose-horned viper, 183

O

Oído, 16
Ojos, 12
Olfato, 15, 16
Ophisaurus apodus, 11
Órgano de Jacobson, 15, 16
Orsini's viper, 217
Ottoman viper, 221
Oviparismo, 23
Ovoviviparismo, 23, 28

P

Palästinaviper, 211
Palestinian viper, 211
Parásitos, 41
Pareinae, 45
Persian dwarf snake, 113
false hornviper, 182
Persische Trughornviper, 182
Zwergnatter, 113
Pfeilnatter, 76
Pitones, 45
Pracht-Zornnatter, 71
Primeros auxilios, 36-38
Psammophis, 40, 49
schokari, 156
schokari aegyptius, 158
schokari schokari, 158
sibilans, 158
sibilans sibilans, 158
Pseudocerastes, 50

persicus, 182
persicus fieldi, 183
persicus persicus, 183
Pseudotarbophis gabesiensis, 161
Puestas comunitarias, 29
Pulmón, 12
Pythoninae, 45

R

Radde's rock viper, 213
Ravergier's whip snake, 85
Ravergiers Zornnatter, 85
Red whip snake, 90
Reproducción, 22-29
Rhynchocalamus, 48
melanocephalus, 146
melanocephalus melanocephalus, 147
melanocephalus satunini, 147
Ringelnatter, 137
Ringheaded dwarf snake, 112
Roth's dwarf snake, 116
Roths Zwergnatter, 116
Rötliche Zornnatter, 90

S

Sandotter, 183
Sandrasselotter, 178
Saw-scaled viper, 178
Scalerosophis, 147
diadema, 147
diadema cliffordi, 149
diadema diadema, 149
diadema dolichospila, 149
Schlanke Sandrennatter, 156
Schlanknatter, 80
Schlingnatter, 99
Schmidt's whip snake, 92
Schmidts Pfeilnatter, 92
Schware-Wüstenkobra, 168
Schwarzkopf-Zwergnatter, 146
Serp blanca, 126
d'aigua, 132
d'Esculapi, 120
de caputxó, 149
de collaret, 137
de ferradura, 74
verd-i-groga, 96
verda, 153
Serpent aveugle du bec crochu, 57
aveugle du Caire, 55
fouet, 80
fouet de Ravergier, 85
fouet de Schmidt, 92
fouet du Caspe, 67
fouet grand, 76
fouet magnifique, 71
fouet rouge, 90
Serpente verme, 54
Serpiente(s) gato, 33, 65, 162
acuáticas orientales, 45
ciegas, 10, 32, 45, 47, 52
comedoras de babosas, 45
de cola de escudo, 45
de hocico de cerdo, 45
gusano, 45, 47, 52
lobo, 45
marinas, 32, 45
marinas de cola ancha, 45
oófagas, 45
Sibinofinos, 45
Sibynophinae, 45
Sistemática, 44, 45
Smooth snake, 99
Southern smooth snake, 102
Spalerosophis, 48
diadema, 147
diadema cliffordi, 149
diadema diadema, 149
diadema dolichospila, 149
Spotted whip snake, 94
Steppennatter, 117
Striped dwarf snake, 110
sandsnake, 158
Stülpnasenotter, 204
Suero antiveneno, 35
de serpiente, dónde obtenerlos, 38, 39
monovalentes, 35
polivalentes, 35
Suge, 96, 99, 102, 126, 132, 137, 153, 189
-tzar, 120

T

Taurische Bergotter, 198
Taurus viper, 198
Telescopus, 49
dhara, 160
fallax, 161, 162
fallax cyprianus, 162
fallax fallax, 162
fallax hoogstraali, 162
fallax iberus, 162
fallax intermedius, 162
fallax multisquamatus, 162
fallax pallidus, 162
fallax rhodicus, 162
fallax syriacus, 162
tripolitanus, 161
Transkaukasische Kletternatter, 119
Treppennatter, 126
Typhlopidae, 45, 47, 52
Typhlops, 47, 52
d'Israèl, 53
simoni, 53
vermiculaire, 54
vermicularis, 45, 54
vermiforme, 45, 54

U

Uräusschlange, 167
Uropeltidae, 45

V

Veneno(s), 31-39
citotóxicos, 34
suero, 35
y coagulación sanguínea, 35
y medicamentos, 35
Víbora(s), 23, 32, 33, 45, 50, 193
áspid, 24, 42, 189
colinegra, 40, 175
cornuda, 15, 20, 40, 173
de cuerno, 23, 29, 33, 42, 172, 183
de Darevski, 199
de escamas aserradas árabe, 180
de Oriente, 205
de Orsini, 217

de Radde, 213
del Líbano, 197
europea, 21, 22, 23, 24, 28, 29, 33, 34, 36, 42, 172, 193
hocicuda, 172, 204
ibérica, 215
turca, 221
Víbora negra, 193
Vierstreifennatter, 123
Vipera, 23, 50, 189, 193, 202, 204, 209, 217
ammodytes, 23, 29, 42, 183
ammodytes ammodytes, 189
ammodytes gregorwallneri, 189
ammodytes meridionalis, 189
ammodytes montadoni, 183
ammodytes ruffoi, 189
ammodytes transcaucasiana, 189
anatolica, 221
aspis, 42, 189
aspis aspis, 193
aspis atra, 193
aspis francisciredi, 193
aspis hugyi, 193
aspis zinnikeri, 193
barani, 223
berus, 29, 34, 42, 45, 100, 193
berus berus, 197
berus bosniensis, 197
berus sachalinensis, 197
bulgardaghica, 198
bornmuelleri, 197
comune, 189
dal corno, 183
darevskii, 199
di Lataste, 204
di Orsini, 217
dinniki, 201
ibérica, 215
kaznakovi, 202
latasti, 204
latasti gaditana, 205
latasti latasti, 205
lebetina, 205
lebetina lebetina, 207
lebetina obtusa, 207
lebetina schweizeri, 207
lebetina transmediterranea, 207
lebetina turanica, 207
mauritanica, 208
mauritanica deserti, 209
mauritanica mauritanica, 209
monticola, 209
palaestinae, 211
pomellata, 205
raddei, 213
raddei kurdistanica, 214
raddei raddei, 214
seoanei, 215
seoanei cantabrica, 216
seoanei seoanei, 216
ursinii, 217
ursinii anatolica, 218
ursinii ebneri, 218
ursinii eriwanensis, 218
ursinii graeca, 218
ursinii macrops, 218
ursinii rakosiensis, 218
ursinii renardi, 218
ursinii ursinii, 218
ursinii wettsteini, 218
wagneri, 224
xanthina, 221
Vipère à corne, 173
à corne faux de Perse, 182
à sol de Mueller, 165
aspic, 189
d'Atlas, 208
d'Avicenna, 175
d'Orsini, 217
de Baran, 223
de Darevski, 199
de la Palestine, 211
de Lataste, 204
de Libanon, 197
de Radde, 213
de Taurus, 198
de Wagner, 224
des Pyrénées, 215
des sables, 183
du Caucase, 202
du Caucasus de l'ouest, 201
du Levant, 205
montagnarde, 221
naine d'Atlas, 209
péliade, 193
Viperidae, 45, 47, 50, 171 y sigs.
Vipéridos, 45, 47, 50, 171 y sigs.
Viperinae, 45, 50, 173
Viperine grass snake, 132
Vipernatter, 132
Vista, 16
Viviparismo, 23

W

Wagner's adder, 224
Wagners Bergotter, 224
Walterinnesia, 50
aegyptia, 166, 168
West-Caucasian adder, 201
Western sandboa, 61
whip snake, 96
Westkaukasische Kreuzotter, 201
Westliche Sandboa, 61
Wiesenotter, 217
Worm snake, 54
Würfelnatter, 144
Wurmschlange, 54
Wüsten Sandboa, 63

X

Xenoderminae, 45
Xenoderminos, 45
Xenodontinae, 45
Xenopeltidae, 45
Xenopéltidos, 45

Z

Zehnstreifen-Zwergnatter, 107
Zgpern-Schlanknatter, 70

Procedencia de las ilustraciones

Baumgart (26 arr., 26 ab., 27 ar., 27 ab., 127 arr.), **Blauscheck** (133 ab.), **Cramm** (15, 21 arr., 24 ab., 75, 103, 177 ab.), **Diesener** (204 ab.), **Fuchs** (17 ab., 20 ab., 25 arr., 26 M, 54, 56, 62, 69, 83 ab., 86, 89 arr., 95 arr., 96, 100 arr., 106, 115, 124 arr., 130, 142 arr., 148 arr., 150, 153, 174 ab. dcha., 1781, 1811, 191 arr., 191 ab., 195 arr., 195 ab., 206 arr., 208 arr., 208 ab., 213, 224, 225 arr., 225 ab., 226), **Gruber**, H.J. (147, 148 ab., 174 ab. izq., 181 ab. dcha.), **Gruber**, U. 11 arr., 11 ab., 25 ab., 124 ab., 125 arr., 143 arr. dcha., 167, 174 arr. dcha., 177 arr., 177 M, 204 arr.), **Heckes** (85, 157 ab., 164, 169 arr., 182, 186 arr. izq., 186 ab., 187 ab., 188 arr., 188 ab., 198, 203 dcha., 211, 212, 217 219 arr.), **Hoegmoed** (159), **Jacobi** (121), **Joger** (60, 66, 87, 152 arr., 152 ab., 156, 157 arr.), **Kahl** (1, 51), **König** (17 arr., 20 arr., 31, 80, 128, 139 ab., 173, 178 dcha., 187 arr., 221), **Krimmer** (2101, 210 dcha.), **Layer** (68, 194 arr.), **Limbrunner** (22, 24, 64, 93), **Mägdefrau** (13, 28 arr., 28 ab., 29, 78, 98, 100 ab., 136, 144, 196 arr., 196 ab.), **Popp** (219 ab.), **Reinhard** (2/3, 5, 97, 101, 112, 133 arr., 139 arr., 163 arr., 163 ab., 184 arr., 190 ab., 222), **Reptilienzoo Regensburg** (76), **Rohdich** (19 arr., 19 ab., 21 ab., 140 arr.), **Sauer** (57, 107, 109, 174 arr. izq., 184 ab.), **Schleich** (95 ab.), **Schmidtler** (91 ab., 104, 110, 111, 112, 113, 117), **Schrempp** (16, 140 ab., 194 ab.), **Synatzschke** (36, 134, 154), **Trutnau** (83 arr., 91 arr., 118, 119, 125 ab., 127 ab., 132, 143 arr., 143 ab., 155, 169 ab., 176 arr., 176 ab., 179, 181 arr. dcha., 185 arr., 185 M, 185 ab., 186 arr. dcha., 192 arr., 192 ab., 203 izq., 206 ab. izq., 206 ab. dcha., 214, 215, 220 arr., 220 ab. izq., 220 ab. dcha., 228), **Werner** (72 arr., 72 ab., 89 ab., 160, 165), **Zeininger** (78 arr., 81, 138, 142 ab., 145, 190 arr.).
Dibujos: **Heckes** (8, 10, 13, 14, 18, 23, 32 arr., 46, 59, 65, 166, 171, 172), **Kühbandner** (guardas), **Mägdefrau** (32 ab., 53, 63, 70, 74, 108, 114, 136, 199, 200, 201).